高等学校遥感信息工程实践与创新系列教材

数据库原理及应用

孟庆祥　季铮　编著

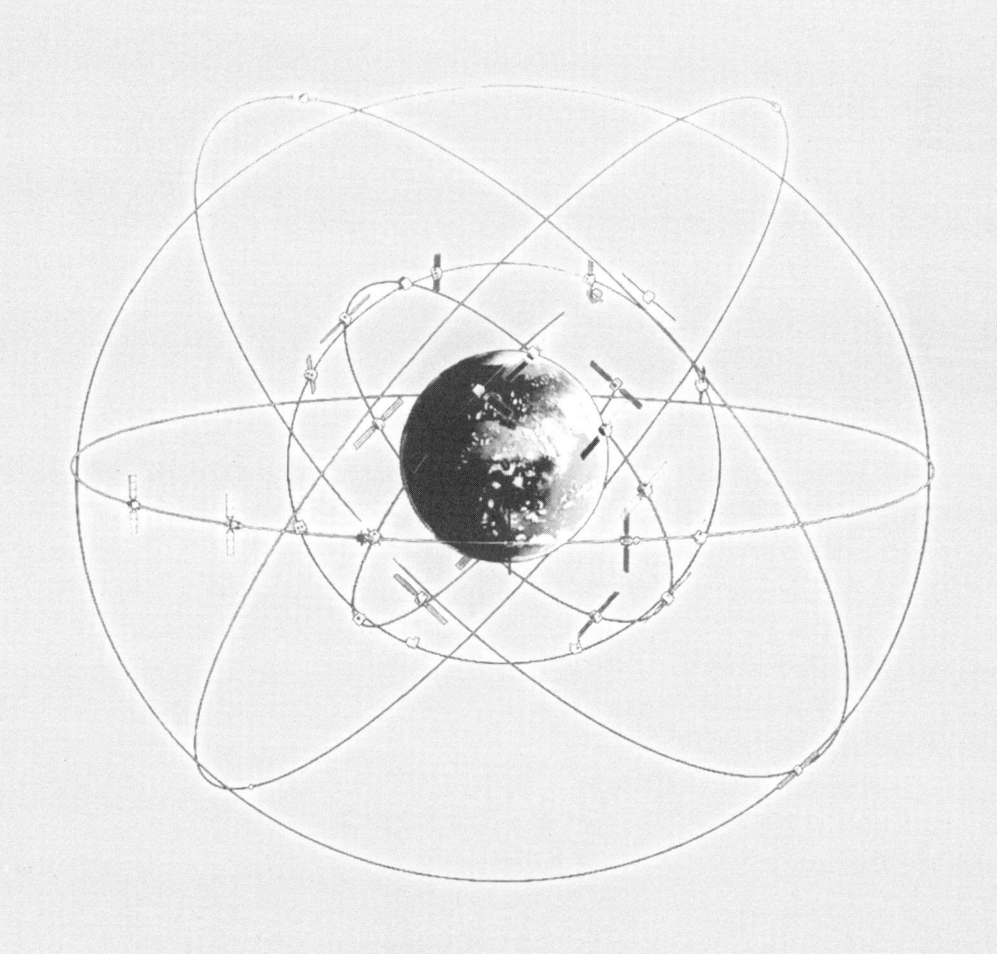

图书在版编目(CIP)数据

数据库原理及应用/孟庆祥,季铮编著．—武汉:武汉大学出版社,2021.1

高等学校遥感信息工程实践与创新系列教材

ISBN 978-7-307-22036-2

Ⅰ.数…　Ⅱ.①孟…　②季…　Ⅲ. 数据库系统—高等学校—教材　Ⅳ.TP311.13

中国版本图书馆 CIP 数据核字(2020)第 271479 号

责任编辑:王　荣　　　责任校对:汪欣怡　　　版式设计:马　佳

出版发行:**武汉大学出版社**　(430072　武昌　珞珈山)

(电子邮箱:cbs22@whu.edu.cn 网址:www.wdp.com.cn)

印刷:武汉中科兴业印务有限公司

开本:787×1092　1/16　印张:14　字数:329 千字　插页:1

版次:2021 年 1 月第 1 版　　2021 年 1 月第 1 次印刷

ISBN 978-7-307-22036-2　　定价:39.00 元

高等学校遥感信息工程实践与创新系列教材

序

实践教学是理论与专业技能学习的重要环节，是开展理论和技术创新的源泉。实践与创新教学是践行“创造、创新、创业”教育的新理念，是实现“厚基础、宽口径、高素质、创新型”复合人才培养目标的关键。武汉大学遥感科学与技术类专业(遥感信息、摄影测量、地理信息工程、遥感仪器、地理国情监测、空间信息与数字技术)人才培养一贯重视实践与创新教学环节，“以培养学生的创新意识为主，以提高学生的动手能力为本”，构建了反映现代遥感学科特点的“分阶段、多层次、广关联、全方位”的实践与创新教学课程体系，夯实学生的实践技能。

从“卓越工程师教育培养计划”到“国家级实验教学示范中心”建设，武汉大学遥感信息工程学院十分重视学生的实验教学和创新训练环节，形成了一整套针对遥感科学与技术类不同专业和专业方向的实践和创新教学体系、教学方法和实验室管理模式，对国内高等院校遥感科学与技术类专业的实验教学起到了引领和示范作用。

在系统梳理武汉大学遥感科学与技术类专业多年实践与创新教学体系和方法的基础上，整合相关学科课间实习、集中实习和大学生创新实践训练资源，出版遥感信息工程实践与创新系列教材，服务于武汉大学遥感科学与技术类专业在校本科生、研究生实践教学和创新训练，并可为其他高校相关专业学生的实践与创新教学以及遥感行业相关单位和机构的人才技能实训提供实践教材资料。

攀登科学的高峰需要我们沉下去动手实践，科学研究需要像“工匠”般细致入微地进行实验，希望由我们组织的一批具有丰富实践与创新教学经验的教师编写的实践与创新教材，能够在培养遥感科学与技术领域拔尖创新人才和专门人才方面发挥积极作用。

2017 年 3 月

前　言

数据库技术是信息技术(Information Technology，IT)产业的四大支柱之一，是计算机学科的重要分支。随着现代社会应用需求的不断深入和扩大，以及相关知识理论体系和技术方面的不断完善，数据库技术在各个领域都有越来越广泛的应用，如计算机辅助设计与制造(CAD/CAM)、计算机集成制造系统(CIMS)、电子政务(e-Goverment)和地理信息系统(GIS)等。数据库技术已经成为信息基础设施的核心技术和重要基础，数据库理论和实践也已成为计算机科学以及其他一些学科教育中的核心部分。

现今已有非常多成熟的数据库商业产品，其应用领域十分广泛。较为经典的关系型数据库有 Oracle、Sybase 和 MySQL 等。而随着计算机系统硬件技术的进步以及互联网技术的发展，数据库系统所管理的数据以及应用环境发生了很大的变化，由此产生多种数据库新技术，如应用在 Teradata、Greenplum 等数据库中的联机分析处理(On-Line Analytical Processing，OLAP)技术、SQLite 和 PostgreSQL 等数据库采用的开源数据库技术，以及面向对象的数据库技术等。各种新技术的产生使得数据库的功能不断改进与完善。关系型数据库作为最经典的数据库类型，已经有了成熟的技术支持，且目前商业化数据库仍以关系型数据库为主导产品，因此本书也将重点介绍关系数据库。

本书旨在向读者讲解数据库相关理论知识和发展背景，并指导读者进行基于 MySQL 的数据库设计与开发，特别地，本书通过案例进行数据库的应用开发。希望通过相关课程的学习和本书的指导，使读者系统地学习和掌握数据库技术的特点和发展情况，了解最新的数据库产品；熟悉数据库设计和数据库应用系统的一般开发过程，掌握基于 MySQL 和 Navicat 的数据库设计和功能实现，掌握基于 MySQL 的数据库应用程序的开发技术。在此基础上，能够结合具体案例进行数据库设计，掌握数据库设计中的需求分析、概念结构设计、逻辑结构设计、数据库物理设计及数据库访问和优化方法等；还能够结合具体案例进行数据库应用系统的设计和开发，掌握需求分析、总体设计、详细设计及开发等关键环节。从而更深入地掌握数据库原理与应用类课程的理论，建立数据库系统设计与开发的基础知识理论体系结构。

本书共 6 章，可以分为 5 个部分。

第一部分包括第 1 章，介绍了数据库相关原理、基础概念和背景，包括数据库、数据管理等知识，令读者充分了解数据库原理。第二部分包括第 2 章和第 3 章，第 2 章中介绍了数据模型和规范化相关的基础知识，重点讲解了关系数据库。第 3 章为实验准备部分，详细介绍了数据库标准语言 SQL 的相关概念、基础操作及高级操作的实现。第三部分包括第 4 章，主要介绍了 MySQL 和 Navicat 环境配置及常用操作，为第 5 章和第 6 章的数据库设计和数据库应用系统开发作环境准备。第四部分包括第 5 章，以学生成绩管理数据库为例介绍了如何进行数据库设计，具体包括概念解释、需求分析、概念结构设计、逻辑结构设计、物理设计以及一些如建库、访问和优化等具体功能的实现，使读者了解和掌握数据库设计的过程。第五部分为第 6 章，介绍数据库应用系统开发的全过程，包括需求分析、总体分析、详细设计以及程序设计和开发这些关键环节；同样以学生成绩管理系统为例，在 C/S 和 B/S 两种框架下进行设计开发，让读者接触到一个具体且全面的数据库设计和开发框架，全面提升自己的设计开发和数据库应用水平。

参加本书编写的作者及分工情况如下：孟庆祥负责全书的组织、统稿和检校，撰写了第 1 章至第 5 章；季铮撰写第 6 章。另外，刘亦菲(中国地质大学(武汉))和武汉大学的刘雨杉、张茂林、叶雅方、林杉、王天祥、李斯昌等同学参与了部分撰写工作。

本书可以作为高等学校各相关专业的数据库课程的教材和参考书籍，也可以供数据库系统研究、开发和应用的研究人员和工程技术人员参考。

此外，在编写本书的过程中，参考了多篇博客文章、期刊论文以及相关的 GIS 开发类书籍，在此对以上作品的作者表示感谢。由于笔者能力有限，书中难免有误，希望广大读者批评指正！

作　者

2020 年 9 月

目　　录

第1章 绪　　论

1.1 数据库概念

1.1.1 数据库的应用

从20世纪60年代中期数据库产生，其在各个行业的应用越来越广泛。20世纪90年代之前，我们一般很少会直接接触数据库，但是间接接触还是十分普遍的，如打印一张账单，或打电话查询机票等。而90年代以后，移动互联网技术的发展凸显了数据的作用，如自动存取款机、交互式语音应答、网络购物、移动支付等经常出现在人们的日常生活中，使得用户可以直接或间接地与数据库进行交互。

20世纪90年代，互联网的出现增加了用户对数据库的直接访问，许多桌面系统和Web系统被开发出来供用户访问数据库，或提供在线的服务、信息查询等。例如，当人们在网上书店浏览图书信息时，所查询到的这些图书信息便是从某个数据库中检索到的；在登录机票预订网站预定了一张机票时，该用户的预定信息也会被存入某个数据库中。这些都是用户与数据库的直接交互，只是用户界面向用户隐藏了许多操作细节，而变得简单。

21世纪，随着互联网行业进入成熟期，数据库在互联网行业的应用也已经进入一个全新的阶段。各种新兴的数据库技术，如云数据库、分布式数据库等技术已经进入广泛应用阶段，在互联网行业的电子商务、交易支付、影视音频、社交网络等领域都发挥极大的作用。可以说，几乎所有人都在无时无刻地与数据库技术进行交互和操作。

数据库在如银行业、电信业、企业管理和零售业等诸多行业都有十分广泛和深入的应用，下面列举数据库在某些领域的应用。

1. 物流业

在互联网技术和计算机技术不断发展的今天，物流业已经逐渐向智能化、信息化的方向发展。并且随着网购等新型购物方式的兴起，物流业产生巨大的数据量，这就要求数据库管理系统不但能够完成一般的物流管理业务处理，如存储用户信息、查询订单状态和快递位置、修改用户信息和快递员行为记录等，还要对物流过程进行信息化管理和及时调控，如为快递员智能分配任务，或为用户推荐附近收货站点等。数据库对于物流管理系统的支持如图1-1所示。

2. 金融业

数据库不仅可完成存储股票、债券等的持有、出售、买入信息，还具有实时的市场数

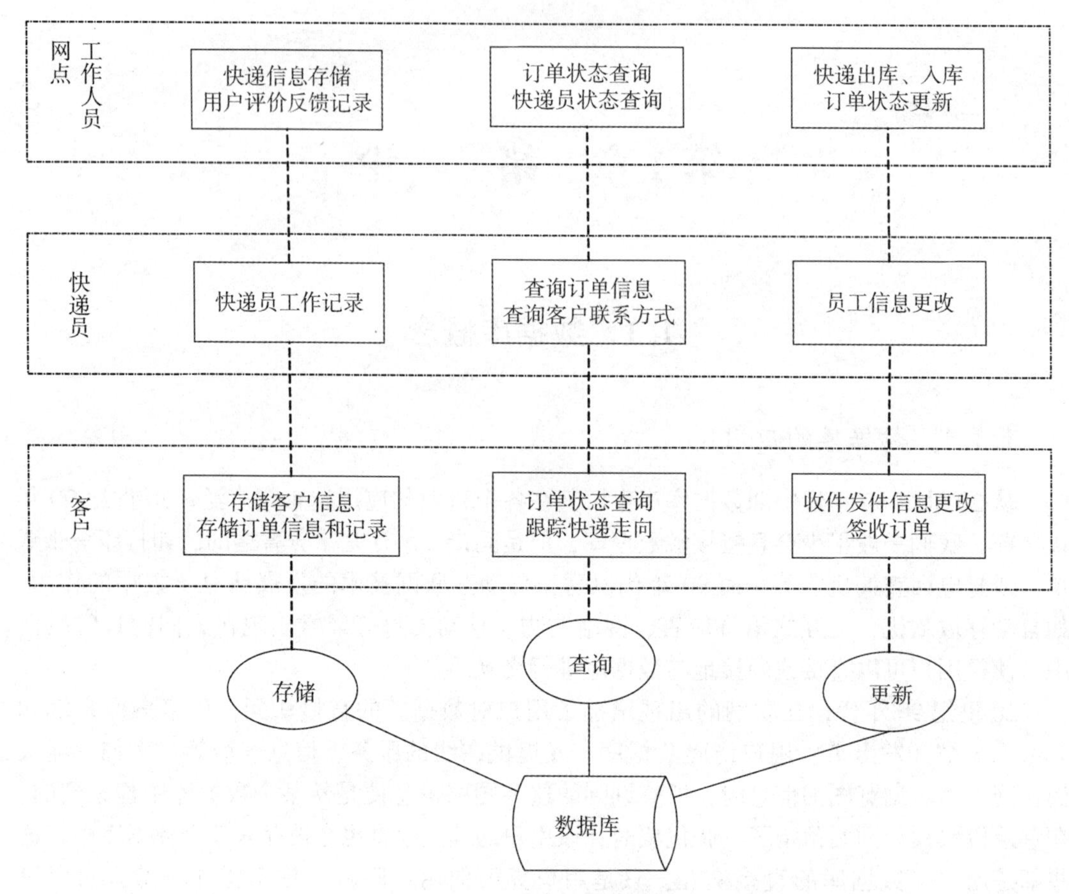

图 1-1　物流业中数据库的应用

据查询这样较传统的功能。在金融机构销售线上金融产品时，数据库会频繁查询和存储交易数据，还需要记录和简单分析用户对各项活动和业务参与情况的实时分析指标。另外，还需完成交易监控、欺诈监控等数据的记录等。数据库对金融业的支持如图 1-2 所示。

3. 医学研究

现代医学科技不断发展，医疗信息也不断完善，这使得医疗领域产生的医疗数据飞速增长。在这样的背景下，临床数据库在全球范围内成为辅助疾病研究、诊断、治疗的有效工具。

临床数据库存储了患者医疗大数据和社会统计学信息，对某些特殊疾病的发病状况和暴露情况进行管理、归纳和分析。例如，一个临床肿瘤学数据库需要记录肿瘤患者的基本特征、分级分期、病理学特点、诊疗经过、疗效评价和生存结局等，以及对库内所有患者进行长期的随访和追踪。

4. 企业管理

在企业的营销部门，数据库可以存储用户、产品以及购买信息，还可记录市场数据和趋势的相关指数来反映经营状况；在会计部门，记录企业总账、财务收支；在人力资源部

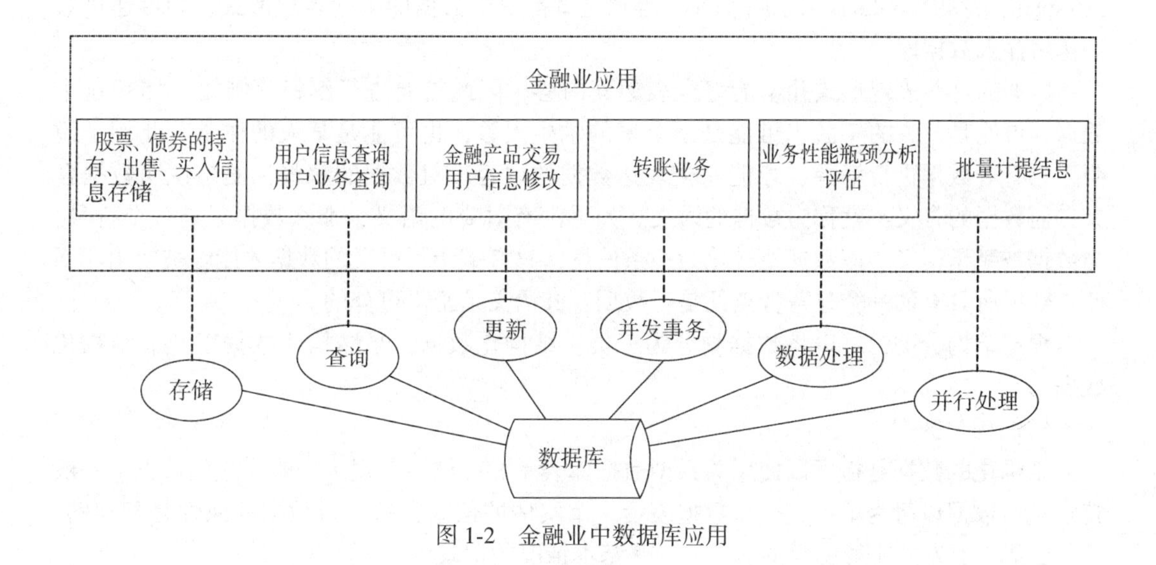

图 1-2 金融业中数据库应用

门，用于存储雇员的基本信息、工资、所得税以及产生工资单，还可完成对员工绩效考核、打卡考勤等相关数据的记录和查询。

5. 互联网行业

数据库在互联网行业的多个领域都有着广泛的应用。

(1)交易支付。这是近些年互联网行业较为火热的领域，常见的交易支付工具有支付宝、微信钱包等，在这些支付平台中，数据库发挥着巨大作用，包括更新用户核心交易、支付与账务等信息。

(2)即时通信。相比于传统的邮件，即时通信实现了在线消息通信，具有代表性的有腾讯 QQ、微信和阿里旺旺等软件。在这类即时通信软件中的数据库不但要完成基础的聊天记录、收藏内容的存储，还要满足高密度的交互和实时性的要求。

(3)电子商务。电子商务也是当前互联网行业的热门领域，包括淘宝、京东等电子商务平台都需要采用强健的数据库系统。这类软件采用的数据库需要完成对用户搜索记录、购买记录的存储，还能够满足用户个性化需求，根据用户相关的个性化记录为用户推荐可能感兴趣的产品。

1.1.2 数据库的四个基本概念

与数据库技术密切相关的重要基本概念共有 4 个，分别为数据、数据库、数据库管理系统、数据库系统。

1. 数据(Data)

数据是描述事物的符号记录。数据是数据库中存储的基本单元，数据并不仅仅指我们日常生活中使用的数字，如 53cm、￥100、-93.0 等。数字只是最简单的数据种类，是狭义和传统意义上的理解，而现在的计算机可以处理和存储的对象十分广泛，这些对象的数据也愈发复杂。所以广义上来说，数据的种类很多，文本(Text)、图像(Image)、图形

(Graph)、音频(Audio)、视频(Video)等，这些都属于数据的不同表现形式，均可通过数字化后存入数据库。

数据的这些表现形式并不能完全表达其内容，因此需要进行解释。例如，“53”这个数据，可能是某人的年龄，可能是某个班的学生人数，也可能是某人的体重。此例子说明，只有对数据进行解释，才能完全表达数据的内容。对数据的解释，便是说明数据含义，而数据的含义，就称为数据的语义。如果没有对应的语义，那么数据只是一个符号，当数据被赋予语义，该数据便转化为一条信息，只有赋予了语义的数据才能够被使用。因此，数据所具有的一个显著特点便是：数据及其语义是密不可分的。

根据结构分类，可以将数据划分为三类：结构化数据、半结构化数据以及非结构化数据。

1)结构化数据

结构化的数据是指可以使用关系型数据库表示和存储，表现为二维形式的数据。一般特点是：数据以行为单位，一行数据表示一个实体的信息，每一行数据的属性是相同的。例如，表1-1为描述某校两位学生的一些基本情况的记录。

表1-1 学生的基本情况

学号	姓名	年龄	出生日期
00010	李明	20	1999-09-10
00011	王刚	19	1998-12-01
……	……	……	……

表1-1的这两条记录中，学号属于字符串类型，长度为5；姓名属于字符串类型，长度为20；年龄属于数字类型，长度为3；出生日期属于日期和时间类型，长度为3。表1-1中各个字段类型和长度固定，这些数据构成一条记录，这样的数据是具有结构性特征的，被称为结构化数据。

结构化数据的优点是数据的存储和排列很有规律，这有利于查询和修改等操作。但结构化数据的扩展性较差，如当需要增加字段时，就要改变表结构，操作复杂，还容易导致数据出错。

2)半结构化数据

半结构化数据是具有结构的，其数据却因为描述不标准或描述具有伸缩性而不能被模式化。半结构化数据是“无模式”的，更准确地讲，其数据是自描述的。它携带了关于其模式的信息，并且这样的模式可以随时间在单一数据库内任意改变，因此半结构化数据具有良好的扩展性。

常见的半结构数据有XML和JSON等，如一个XML文件可以为：

```
<person>
    <name>John</name>
    <age>13</age>
```

```
    <gender>male</gender>
    <address>New York</address>
</person>
```

而一个 JSON 文件可以为：

```
{
    "name": "Mary",
    "age": 25,
    "address": {
        "streetAddress": "21 2nd Street",
        "city": "New York",
        "state": "NY",
        "postalCode": "10021-3100"
    },
    "phoneNumbers": [
        {
            "type": "home",
            "number": "212 555-1234"
        },
        {
            "type": "mobile",
            "number": "123 456-7890"
        }
    ],
}
```

我们可以通过上述 XML 文件和 JSON 文件的例子进一步理解半结构化数据的特点。

(1)形式上结构化。上述文件中属性是具有模式的。

(2)内容上非结构化。例如，在 JSON 文件中存储电话号码(phoneNumbers)时，不同地区的电话号码长度可能不同，因此属性长度不固定；有的人只有手机号码而没有家庭电话号码，因此属性的数目也会不同。

(3)具有良好的扩展性。上述两个文件存在结构相异的问题，对于结构化数据库而言，两个文件不可集成，但对于半结构化数据则可进行集成。

3)非结构化数据

非结构化数据是与结构化数据相对的，它不定长或无固定格式，不适于由数据库二维表来表现，如各种格式的办公文档、XML、HTML、各类报表、图片、音频和视频信息等。支持非结构化数据的数据库采用多值字段、子字段和变长字段机制进行数据项的创建和管理，这种数据被广泛应用于全文检索和各种多媒体信息处理领域。

下面以一个存储湖泊面坐标为例(表 1-2)，对非结构化数据进行解释。

表1-2　湖泊面坐标

ID	湖泊名称	面坐标点	备注
001	东湖	(x_1, y_1; x_2, y_2; …; x_{10}, y_{10})	共10个点
002	太湖	(x_1, y_1; x_2, y_2; …; x_{100000}, y_{100000})	共10万个点
……	……	……	……

在表1-2中，存储了东湖的10个面坐标点以及太湖的10万个面坐标点，也即面坐标点数目是不固定的。显然"面坐标点"这一属性的长度无法确定，使得该数据无法作为结构化数据放入二维表格中，而只能作为非结构化数据来处理。在数据库中，对于上述数据，会将东湖和太湖的面坐标点数据分别指向两个不同的存储空间进行存储，并分配相应的内存大小。

2. 数据库(Database，DB)

数据库是长期存储在计算机内的、有组织的、可共享的大量数据的集合。其中，"可共享"是指数据库中的数据可为多个不同的用户，使用多种不同的语言，为了不同的目的而同时存取数据库，甚至是同时存取同一类数据。而"集合"是指某特定应用环境中各种应用的数据及其数据之间的联系(联系也是一种数据)，全部集中地按照一定的结构形式进行存储。通俗来讲，数据库就是在计算机存储设备上的一个存放数据的仓库，其中的数据是按照一定的格式存放的。

在数据管理技术进入数据库系统阶段之前，采用的是文件系统进行数据管理。数据库系统是在文件系统的基础上发展而来的，它和文件系统均可长期保存数据，并由数据管理软件管理数据。

但是相比数据库系统，文件系统有一些明显的缺陷。

(1)整体数据非结构化。文件系统把数据组织成相互独立的数据文件，实现了记录内的结构性，但整体无结构。而数据库系统的主要特征之一就是实现了整体数据的结构化，这也是数据库系统与文件系统的本质区别。

(2)数据冗余且共享性差。而数据库系统中的数据面向整个系统，数据可以被多个用户、多个应用共享使用，减少了数据冗余。

(3)可维护性差。文件系统中的文件通常是为某一特定应用服务的，当要修改数据的逻辑结构时，必须修改应用程序，修改文件结构的定义，因此数据和程序之间缺乏了独立性。而数据库系统中通过DBMS的两级映像实现了数据的物理独立性和逻辑独立性，把数据的定义从程序中分离出去，减少了应用程序的维护和修改。

传统的关系型数据库的主要应用是基本、日常的事务处理，如银行交易、企业收支等。但随着科学技术的飞速发展，数据量的增加以及需求的复杂化，使得数据库在面临大量的复杂查询和分析的要求时会产生支持不足的情况，这就促使现代数据库不断创新和发展。数据库的概念也已经升级为数据仓库(Data Warehouse，DW)，它可应用于复杂分析操作，侧重决策支持，并可提供直观、易懂的查询结果。即从联机事务处理(On-Line Transaction Processing，OLTP)转为了联机分析处理(On-Line Analytical Processing，OLAP)

和数据挖掘(Data Mining)。

3. 数据库管理系统(Database Management System，DBMS)

数据库管理系统的用途是科学地组织和存储数据，高效地获取和维护数据。它其实就是位于用户与操作系统之间的一层数据管理软件，是计算机的基础软件，也是一个大型复杂的软件系统，数据库管理系统为用户更加方便地组织、管理数据奠定了基础。常用的小型数据库管理系统有 MySQL、SimpleSQL 和 SQLite 等，常用的大型数据库管理系统有 Oracle、Sybase 和 OceanBase 等。这些数据库管理系统主要包括以下几个方面的功能。

1)数据定义功能

数据库管理系统提供了数据定义语言(Data Definition Language，DDL)，用户通过它可以方便地对数据库中的数据对象的组合和结构进行定义。

2)数据组织和存储

数据库管理系统要分类、组织、存储和管理各种数据，包括数据字典、用户数据、数据的存取路径。它还确定以何种文件结构和存取方式来组织数据，以及如何实现数据之间的联系。另外，它提供多种存取方式来提高存取效率，如 Hash 查找、索引查找、顺序查找等。

3)数据操作功能

数据库管理系统提供数据操作语言(Data Manipulation Language，DML)操作数据，帮助用户实现对数据库的基本操作，如查询、插入、删除等操作。

4)数据库运行管理

数据库在建立、运行、维护的整个生命周期中都是由数据库管理系统统一管理和控制的，用以保证事务正确运行，保证数据的独立性、完整性、安全性和多个用户对数据的并发使用，及发生故障后的系统恢复。

5)数据库建立和维护功能

数据库的建立和维护功能包括数据库初始数据的输入、转换功能，数据库的转储和恢复功能，数据库管理系统能够对数据库进行性能监视、分析。这些功能通常由一些实用程序或管理工具完成。

6)其他功能

其他的一些功能包括数据库管理系统通过网络和其他软件系统的通信功能，一个数据库管理系统和另一个数据库管理系统或文件系统的数据转换功能，异构数据库之间的互访和互操作功能。

4. 数据库系统(Database System，DBS)

数据库系统是在计算机系统中引入数据库后对数据进行存储、管理、处理和维护的系统，它是为适应数据处理的需求而发展起来的一种较为理想的数据处理系统，也是一个为实际可运行的存储、维护和应用系统提供数据的软件系统，是存储介质、处理对象和管理系统的集合体。

数据库系统的组成包括数据库、数据库管理系统、数据库应用系统、数据库管理员(Database Administrator，DBA)，以及用户等。其中，数据库提供数据的存储功能，数据库管理系统提供数据的组织、存取、管理和维护等基础功能，数据库应用系统则会根据需要使用数据库，数据库管理员负责全面管理数据库系统，这些组成成分的关系可以由图1-3表示。关于更全面、详细的数据库系统组成的介绍详见1.2.6小节。

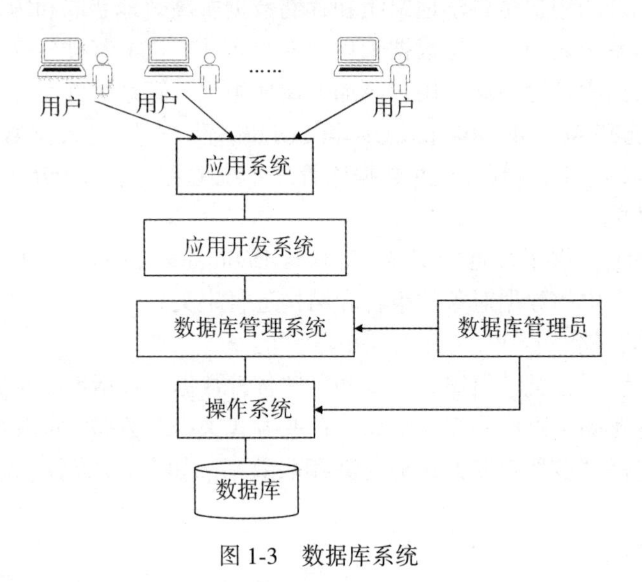

图1-3　数据库系统

通常在不会引起歧义的情况下，数据库系统可以简称为数据库。

1.2　数据库结构与组成

数据库系统的结构可以从多个不同的角度来说明：从数据库应用开发人员的角度来看，数据库通常采用三级模式结构，这是数据库系统的内部体系结构；从数据库的最终用户的角度来看，数据库系统结构可分为单用户结构、主从式结构、分布式结构、客户/服务器结构等，这是数据库系统的外部系统结构。

总体上，数据库系统的组成可以概括为数据库硬件、软件以及人员三个部分，如图1-4所示。

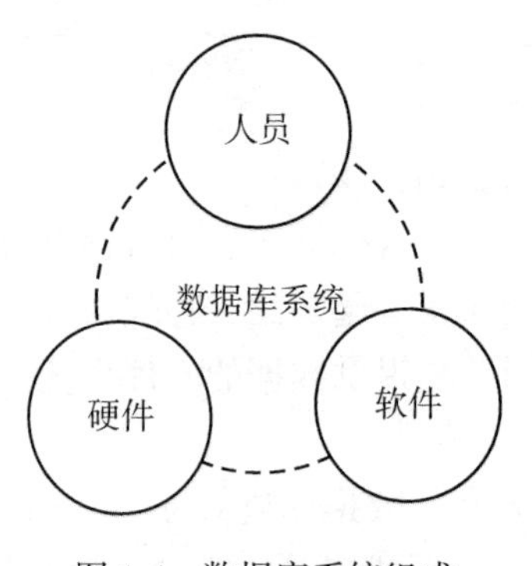

图1-4　数据库系统组成

1.2.1 数据库系统层次结构

数据库系统是由一些相互关联的数据，以及一组使得用户能够访问或修改这些数据的应用的合集。数据库系统的一个重要作用是向用户提供所需数据的抽象视图，辅助用户方便、高效地存储和检索数据。

要令数据库系统可以高效地检索数据，需要设计者在数据库中表达数据时设计相关的数据结构，然而很多数据库系统的用户并不具备计算机专业知识。因此为了简化用户与系统的交互，系统需要隐藏一些关于数据存储和维护的细节，这就需要系统开发人员通过如图 1-5 所示的几个层次的抽象对用户屏蔽复杂性。

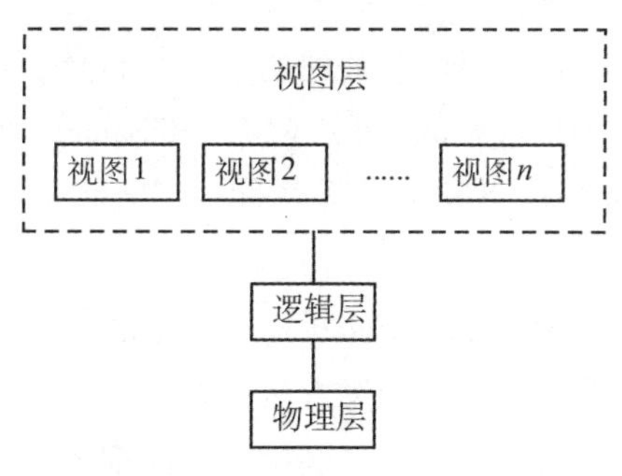

图 1-5 数据抽象的三个层次

1. 物理层(Physical Level)

物理层是最低层次的抽象，它是数据物理结构和存储方式的描述。数据在数据库物理层的表示方法包括：记录的存储方法、索引的组织方式、数据是否压缩存储、数据是否加密，以及数据存储记录结构的规定。物理层接受对数据库操纵的请求，实现对数据库查询、修改、更新等功能及相关服务，并把结果数据提交展示。

2. 逻辑层(Logical Level)

逻辑层是高于物理层的中间层次的抽象。逻辑层描述的是数据库中存储的数据是什么，以及这些数据之间有什么关系。通过上述一些相对简单的对数据语义和数据间关系的结构，描述了整个数据库。虽然逻辑层中这些简单的结构的实现也许会涉及复杂的物理结构，但对于逻辑层的用户来说，不需要深入了解这些复杂性，这就称为物理独立性(Physical Data Independence)。

3. 视图层(View Level)

视图层是最高层次的抽象，它只描述数据库中用户所关心的某一部分数据。上述的逻辑层虽然使用了相对简单的结构，但是在大型数据库中，信息仍然具有高度的多样性，因而仍具有一定的复杂性。对于大多数据库系统的用户来说，他们只需访问数据库的极小一部分，为了使这部分用户与数据库的交互更简单，产生了视图层的抽象定义。视图是虚拟的，系统可以根据用户的需要为同一个数据库提供多个视图。

可以通过 C++中数据结构体的概念对数据库的三层抽象进行类比，以进一步理解它们之间的关系。下面是使用C++定义了一个名为Student的结构体：

```
struct Student {
    char *Name[32];
    int ID;
    char Dept_name;
    float Tot_cred;
}
```

上面的代码定义了一个具有4个变量的新结构体Student，每个变量包含字段名和所属类别，如在Student结构体中，4个变量：Name、ID、Dept_name、Tot_cred分别用来记录学生的姓名、学号、所在院系、总学分。

而对于一所大学来说，还有可能包含其他的一些结构体，如Teacher结构体，包含变量ID(工号)、Name(姓名)、Dept_name(所在院系)和Salary(月薪)。或如Course结构体，包含变量Course_ID(课程编号)、Title(课程名称)、Dept_name(开设院系)、Credits(学分)。

在物理层，一个如上述的Student、Teacher，或Course结构体可能会被描述为连续存储位置组成的存储块，但编译器为程序开发人员屏蔽了这一细节。与此相类似的是，数据库系统也会为数据库程序设计人员屏蔽许多底层的存储细节。在某些情况下，数据库管理员也需要了解数据物理组织中的某些细节，以满足数据库操作要求和提高数据库运维效率。

在逻辑层，如前面的代码所示，每个结构体都通过其包含的变量进行描述。同时数据库的逻辑层上还需要定义这些数据间的相互关系。而程序设计人员就是在逻辑层上使用某种数据操作语言，类似程序开发语言进行数据管理工作。数据库管理员也通常是在逻辑层次上工作。

在视图层，计算机用户看到的是被屏蔽了数据类型细节的一组应用程序。与此类似，视图层上也会定义数据库的多个视图，数据库用户看到的只有这些视图。除了屏蔽数据库逻辑层的细节之外，视图还具有能够防止用户访问数据库中某些部分的安全性机制。例如，在大学招生办公室的职员，只能够看到学生信息，而不能够访问数据库中涉及教师工资的信息。

1.2.2　模式和实例

模式(Schema)是对数据库中全体数据的逻辑结构和特征的描述。这里的描述仅是型的描述，而不涉及具体的值，它反映的是数据的结构及其联系。而模式的一个实例(Instance)，反映的是数据库某一时刻的状态，是模式的一个具体的值。上述定义中，“型”(Type)是指对某一类数据的结构和属性的说明，“值”(Value)是型的一个具体赋值。在此也可以用C++的数据类型和变量进行类比：数据库模式就对应C++中的变量及变量类型的声明，每个变量在不同的时刻会有不同的值，这里的变量值就对应数据库模式在某一时刻对应的一个实例。同一模式可以有很多实例，这些实例也会随着数据库数据的更新而变动。模式是相对固定的，而实例是相对变动的。

模式作为对数据的结构性描述，对于不同层次的数据，会对应不同层次的模式。虽然实际的数据库管理系统的产品种类很多，它们支持的数据模式、使用的数据库语言、采用的操作系统，以及数据的存储结构都会有所不同，但绝大部分数据库管理系统在体系结构上通常具有相同的特征，均采用三级模式结构，分别是外模式、模式与内模式，并提供两级映像功能，分别为外模式/模式映像、模式/内模式映像。

1.2.3 数据库系统的三级模式

数据库系统的三级模式结构是指数据库系统由模式、外模式和内模式三级构成。根据前面对物理层、逻辑层、用户层的讨论，可以对内模式、模式、外模式的作用和特点进行如下描述。

1. 模式(Schema)

模式，也称逻辑模式或概念模式，处于中间层，它是对数据库中全体数据的逻辑结构和特征的描述，是所有用户的公共数据视图。模式可以定义数据的逻辑结构（由哪些数据项构成，数据项的名字、类型、取值范围等）、数据之间的联系，以及与数据有关的安全性、完整性要求。

模式是数据库系统模式结构的中间层，它不涉及数据的物理存储细节和硬件环境，且与具体的应用程序、使用应用开发工具及高级程序设计语言无关。一个数据库只有一个模式。

2. 外模式(External Schema)

外模式，又称子模式或用户模式，处于最外层，它是数据库用户能够看见和使用的局部数据的逻辑结构和特征的描述，是数据库用户的数据视图，是与某一应用有关的数据的逻辑表示。

外模式通常是模式的子集，反映了不同的用户的应用需求、看待数据的方式、对数据保密的要求。对模式中同一数据，在外模式中的结构、类型、长度、保密级别等都可以不同。同一外模式可以为某一用户的多个应用系统所使用，但一个应用程序只能使用一个外模式。

由于每个用户只能看见和访问所对应的外模式中的数据，而数据库中的其余数据是不可见的，这使得外模式成为保证数据库安全性的一个有力措施。

3. 内模式(Internal Schema)

内模式，又称存储模式或物理模式，处于最内层，也是靠近物理存储的一层。内模式描述了数据在存储介质上的存储方式及物理结构，它使用一个物理数据模型，全面描述了数据库中数据存储的全部细节和存取路径。一个数据库只有一个内模式。

数据库的三级模式结构的示意图如图 1-6 所示。

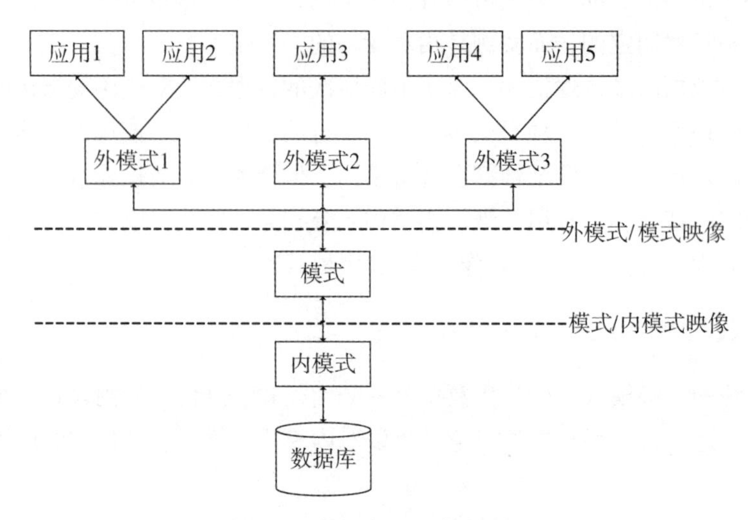

图 1-6　数据库三级模式结构

上述的三级模式是对数据的 3 个抽象级别，而在系统内部实现 3 个抽象层次的联系和转换的，便是二级映像。

1.2.4　数据库系统的二级映像

数据库系统的二级映像是指外模式/模式映像、模式/内模式映像。

1. 外模式/模式映像

一个模式可以有任意多个外模式，而每一个外模式都有一个外模式/模式映像。映像的定义包含在各自外模式的描述中。

当模式发生改变时，数据管理员需要修改相应的外模式/模式映像，使外模式保持不变，由于应用程序是依据数据的外模式编写的，从而应用程序不必改变，这就保证了数据与程序的逻辑独立性。

2. 模式/内模式映像

模式/内模式映像是唯一的，定义了数据全局逻辑结构与存储结构之间的对应关系。映像的定义包含在模式的描述中。

当数据库的存储结构改变时，数据管理员需要相应修改模式/内模式映像，使模式保持不变，则应用程序不受影响，这就保证了数据与程序的物理独立性。

总体来说，三级模式与二级映像的优点包括：保证数据的独立性，简化了用户接口，有利于数据共享和数据的安全保密。

1.2.5　数据库系统外部系统结构

1. 单用户结构

单用户数据库系统是早期最简单的数据库系统，又称桌面型数据库系统。在该结构的系统中，整个数据库系统(应用程序、DBMS、数据)都装在一台计算机上，由一个用户独占，不同机器之间无法共享数据，因此只适合未联网用户、个人用户等使用。DBMS 会提供较弱的数据库管理，较强的应用程序和界面开发工具，因此它既是数据库管理工具，又是数据库应用程序和界面的前端工具。单用户结构如图 1-7 所示。

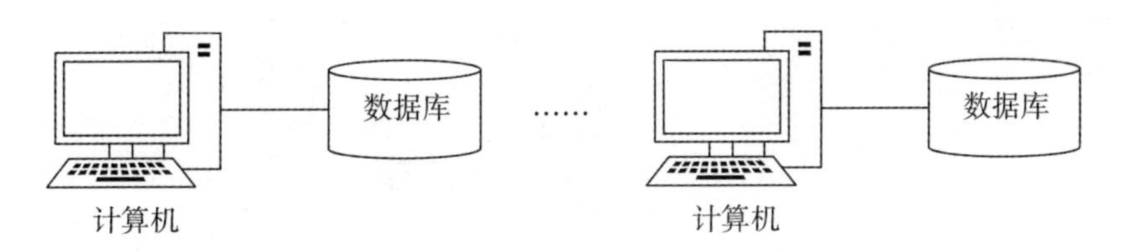

图 1-7 单用户结构

2. 主从式结构

主从式结构的数据库系统是大型主机带多终端的多用户结构的系统，又称主机/终端模式。在该结构中，数据库系统(应用程序、DBMS、数据)都集中存放在主机上，所有处理任务都由主机来完成，用户通过主机的终端并发地存取数据库，共享数据资源。

该结构具有简单并易于管理、控制与维护的优点。但当终端数目太多时，主机的任务会过分繁重，这样的现象称为系统瓶颈。另外，系统的可靠性依赖主机，当主机出现故障时，整个系统都将无法使用，因此系统可靠性不高。主从式结构如图 1-8 所示。

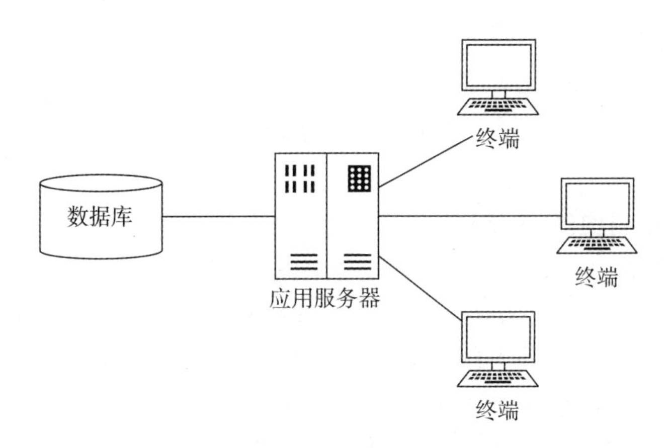

图 1-8 主从式结构

3. 分布式结构

分布式结构的数据库系统是分布式网络技术与数据库技术相结合的产物。数据库中的数据在逻辑上是一个整体，但物理地分布在计算机网络的不同节点上。网络中的每个节点都可以独立处理本地数据库中的数据，执行局部应用，也可以同时存取和处理多个异地数据库中的数据，执行全局应用。

该结构的优点：适应了地理上分散的公司、团体和组织对于数据库应用的需求。但是数据的分布存放给数据的处理、管理与维护带来困难。另外，当用户需要经常访问远程数据时，系统效率会明显地受到网络传输的制约。

分布式结构如图1-9所示。

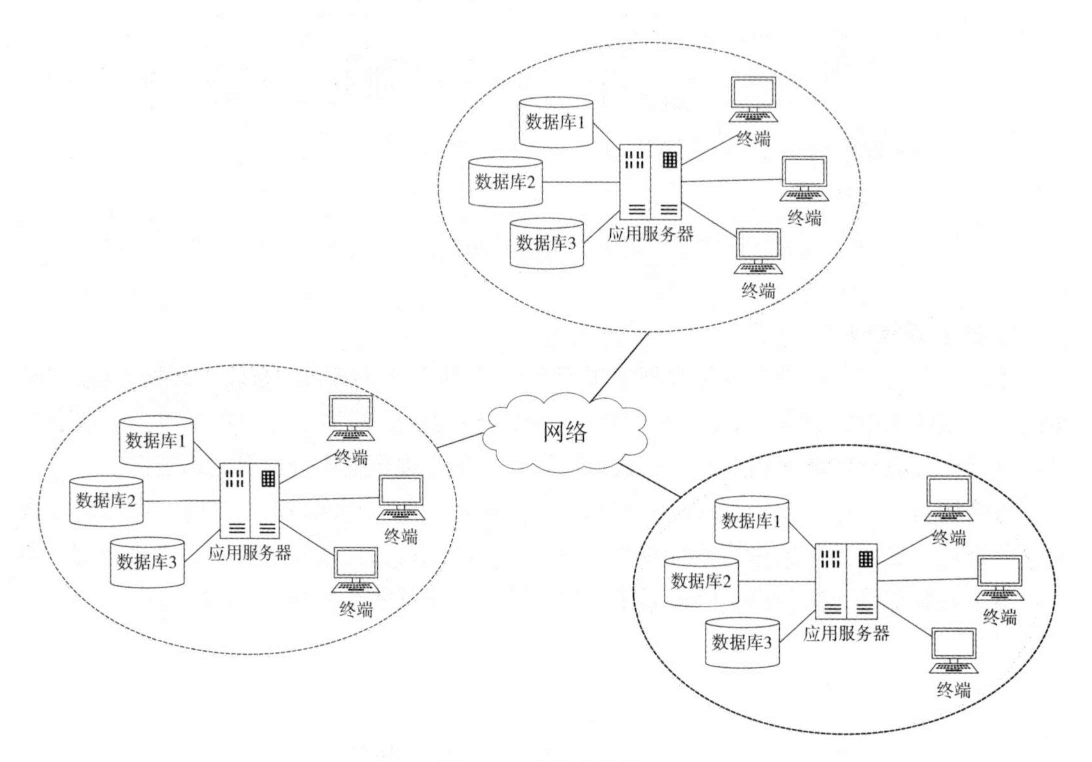

图1-9　分布式结构

4. 客户/服务器结构(C/S结构)

客户/服务器结构(C/S结构)，又称胖客户机或两层结构。客户/服务器结构的数据库系统中，DBMS的功能和应用分为数据库服务器(Server)和客户端(Client)两个部分：网络中某个(些)节点上的计算机专门用于执行DBMS功能，称为数据库服务器；而其他节点上的计算机安装DBMS的外围应用开发工具，支持用户的应用，称为客户端。

该结构具有明显优点：可以显著减少网络上的数据传输量，提高系统的性能、吞吐量和负载能力。另外，客户/服务器结构的数据库更加开放，能够在多种不同的硬件和软件平台上运行，并能够使用不同的数据库应用开发工具，这使得应用程序有更强的可移植性。但是对该结构的维护升级过程会较为复杂。

客户/服务器结构如图1-10所示。

5. 浏览器/服务器结构(B/S结构)

浏览器/服务器结构也称为B/S结构，它的实质是一个三层结构的客户/服务器体系。该结构是一种以Web技术为基础的新型数据库应用系统体系结构。它把传统C/S结构中

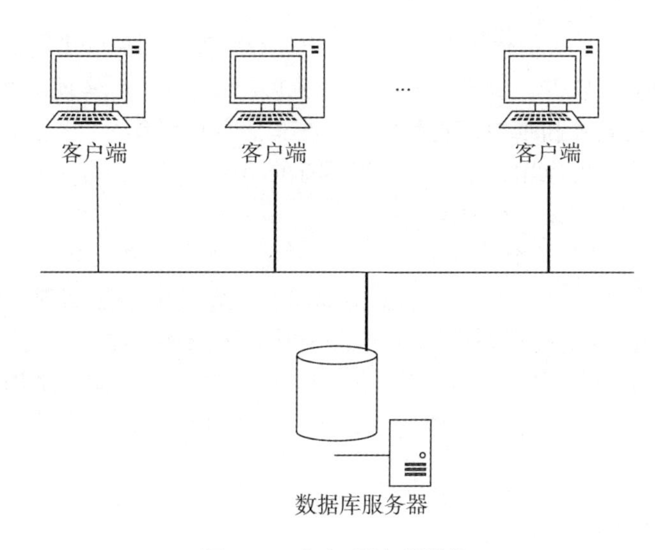

图 1-10 客户/服务器结构

的服务器分解为一个数据服务器和多个应用服务器，统一客户端为浏览器。在 B/S 结构的数据库系统中，作为客户端的浏览器并非直接与数据库相连，而是通过应用服务器与数据库进行交互。这样减少了与数据库服务器的连接数量，而且应用服务器分担了业务规则、数据访问、合法校验等工作，减轻了数据库服务器的负担。

浏览器/服务器结构如图 1-11 所示。

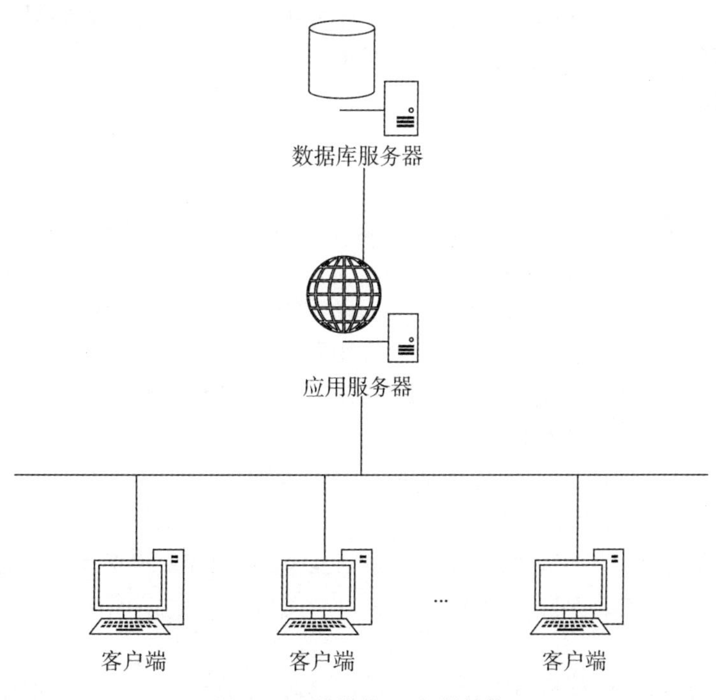

图 1-11 浏览器/服务器结构

B/S 结构的显著优点是简化了客户端，客户端只要安装通用的浏览器软件即可，而不用安装专门的客户应用软件，节省了客户机的硬盘空间与内存，实现了客户端零维护。另外，它简化了系统的开发和维护，使系统的扩展非常容易。系统的开发者无须再为不同级别的用户设计开发不同的应用程序，只需把所有的功能都实现在应用服务器上，并就不同的功能为各个级别的用户设置权限即可。

但是 B/S 结构的应用服务器端处理了系统的绝大部分事务逻辑，从而造成应用服务器运行负荷较重。另外，客户端浏览器功能简单，许多功能不能实现或实现起来比较困难，如通过浏览器进行大量的数据输入的操作就比较困难和不便。

基于上述三层 B/S 结构存在的问题，目前又提出多层 B/S 体系结构。多层 B/S 体系结构是在三层 B/S 体系结构中间增加了一个或多个中间层，以提高整个系统的执行效率和安全性。

1.2.6 数据库系统组成

此小节将更详细地介绍数据库系统的组成。概括来说，数据库系统的各种组成成分可以分为 3 个部分：硬件平台和数据库，软件，以及人员。下面介绍这三部分具体需要完成的功能，以及数据库系统对各部分的要求。

1. 硬件平台和数据库

由于数据库系统数据量都很大，并且 DBMS 丰富的功能使得自身的规模也很大，因此整个数据库系统对硬件配置的要求比较高，包括以下 4 个方面。

(1)内存：内存中需要存储操作系统、DBMS 的核心模块、数据缓冲区和应用程序。

(2)外存：使用磁盘、磁盘阵列存放数据库，用磁带、光盘等做数据库备份。

(3)有较高的通道能力，以提高数据传送率。

(4)可扩展。

2. 软件

数据库系统的软件主要包括以下 5 项。

(1)DBMS：DBMS 是为数据库的建立、使用和维护配置的软件。

(2)支持 DBMS 运行的操作系统。

(3)具有与数据库接口的高级语言及其编译系统，便于开发应用程序。

(4)以 DBMS 为核心的应用开发工具。应用开发工具是系统为应用开发人员和最终用户提供的高效率、多功能的应用生成器及第四代语言等各种软件工具。它们为数据库系统的开发和应用提供了良好的环境。

(5)为特定应用环境开发的数据库应用系统。

数据库系统的软件层次结构如图 1-12 所示。

从图 1-12 中可以看出，应用开发工具软件必须在 DBMS 的支持下才能使用数据库，而 DBMS 是在操作系统的支持下工作的。

3. 人员

人员组成包括数据库管理员、系统分析员、数据库设计人员、应用程序员和用户五个部分。下面介绍各种人员的职责。

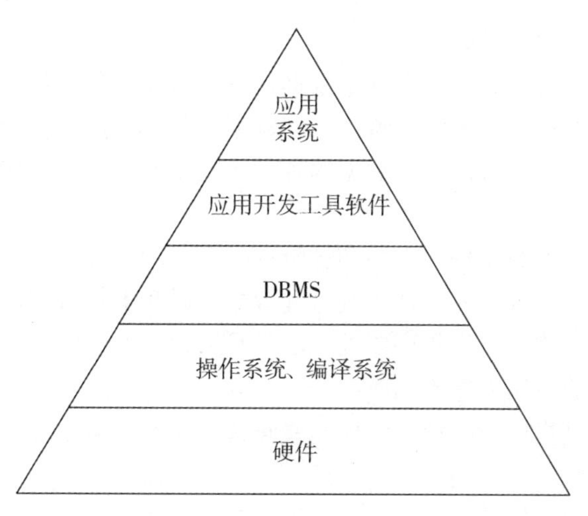

图 1-12 数据库系统软件层次结构

(1)数据库管理员(DBA)：①决定数据库中的信息和结构；②决定数据库的存储结构和存取策略；③定义数据的安全性要求和完整性约束条件；④监控数据库的使用和运行；⑤数据库的改进和重组、重构。

(2)系统分析员：①负责应用系统的需求分析和规范说明；②与用户和 DBA 协商，确定系统的软硬件配置；③参与数据库系统的概要设计。

(3)数据库设计人员：①参加用户需求调查和系统分析；②确定数据库中的数据；③设计数据库各级模式。

(4)应用程序员：设计和编写应用系统的程序模块，并进行调试和安装。

(5)用户，是最终使用数据库系统的人员，最终用户(End Users)可分为三类：偶然用户、简单用户和复杂用户。①偶然用户不会经常访问数据库，但每次访问时往往需要不同的数据库信息，如企业或组织机构的高中级管理人员；②简单用户会使用应用系统查询和更新数据库，如银行的职员、机票预订人员等；③复杂用户则是直接使用数据库语言访问数据库，能够基于 DBMS 的 API 编制自己的应用程序，如工程师、科学家、经济学家、科学技术工作者等。

1.3 数据库系统特点

1. 数据结构化

数据库系统实现了整体数据的结构化，这是数据库最主要的特征之一，也是数据库系统与文件系统的本质区别。这里所说的“整体”结构化，是指在数据库中的数据不再仅针对某个应用，而是面向全组织；不仅数据内部是结构化，而且整体式结构化，数据之间有联系。这就要求描述数据时不仅要描述数据本身，还要描述数据之间的联系。

2. 数据的共享性高、冗余度低且易扩充

因为数据是面向整体的，所以数据可以被多个用户、多个应用程序共享使用，可以大大减少数据冗余，节约存储空间，避免数据之间的不兼容性与不一致性。所谓数据的不一致性，是指同一数据不同拷贝的值不一样。

同文件系统相比，由于数据库实现了数据共享，从而避免用户各自建立应用文件。这样减少了数据冗余，维护了数据的一致性，即数据的共享性高、冗余度低，并且数据库系统弹性大，易于扩充，可以选取整体数据的各种子集用于不同的应用系统。

3. 数据独立性高

数据独立性包括数据的物理独立性和逻辑独立性。

物理独立性，是指由数据库管理系统管理数据在磁盘上的数据库中的存储，而用户程序不需要了解其存储方式，应用程序要处理的只是数据的逻辑结构。这样当数据的物理存储结构改变时，用户的应用程序不用改变。

而逻辑独立性，是指用户的应用程序与数据库的逻辑结构是相互独立的，也就是说，当数据的逻辑结构发生改变，用户应用程序也可以不用改变。

数据与程序的独立，把数据的定义从程序中分离出去，加上存取数据的方法由 DBMS 负责提供，从而简化了应用程序的编制，大大减少了应用程序的维护和修改成本。

4. 由 DBMS 统一管理和控制

数据库的共享是并发的共享，即多个用户可以同时存取数据库中的数据，甚至可以同时存取数据库中的同一个数据。

DBMS 必须提供以下四个方面的数据控制功能：数据的安全性保护（Security）、数据的完整性检查（Integrity）、数据库的并发访问控制（Concurrency）和数据库的故障恢复（Recovery）。

5. 兼容并包

数据库系统的发展一直以来都朝着专业化的方向前进，这就是目前数量众多的主流数据库系统任何一个也不能够代替其他的原因。这些数据库系统各有侧重，各有长处，面向不同的需求。基于此背景，数据库系统需要具有较强的兼容性，以满足不同用户群体的需求，如同时兼容 MySQL 以及 Oracle 两种模式。由此，原来的代码、应用程序只需做较小的改动就可以直接应用在一个新的数据库系统中。

6. 低成本

低成本特点包括两个方面的含义，分别指低存储成本和低计算成本。低存储成本可以通过使用 PC 服务器、低端固态驱动器和高存储压缩率来实现，而低计算成本则是得益于计算引擎的高性能。另外，还可通过多租户等框架充分利用系统资源。

1.4 数据管理技术的发展

数据库管理技术是随着数据管理任务的需求产生的，它是一种大型的可操纵及管理的软件，是多种技术结合的一个产物，发展速度极快。数据管理是数据处理的核心任务，数据管理是指对数据进行分类组织、编码、存储、检索和维护，而数据处理是指对各种数据进行收集、加工、存储和传播等一系列活动。

数据管理技术以计算机硬件、软件的发展为基础，在应用需求的推动下不断发展。一般来说，数据管理技术的发展经历了以下三个阶段：人工管理阶段，文件系统阶段，数据库系统阶段。在表 1-3 中，对这三个阶段的背景和特点进行了对比。

表 1-3　数据管理技术发展的三个阶段

		人工管理阶段	文件系统阶段	数据库系统阶段
背景	用途	科学计算	科学计算、信息管理	大规模的数据管理
	硬件条件	只有卡片、纸带、磁带等外存，没有磁盘等直接存取设备	有磁盘、磁鼓等直接存取设备	大容量磁盘、磁盘阵列
	软件条件	没有操作系统，没有管理数据的软件，使用汇编语言	有操作系统，有专门的数据管理软件——文件系统，使用高级编程语言	数据库管理系统 DBMS
	数据处理方式	批处理	批处理、联机处理	联机实时处理、分布处理、批处理
特点	数据库的管理者	人	文件系统	全组织(部门、企业等)
	数据面向的对象	某一应用程序	某一应用程序	整个应用程序
	数据的共享程度	无共享，冗余度极大	共享性差，冗余度大	共享性高，冗余度小
	数据的结构化	无结构	记录内有结构，整体没有结构	整体结构化，用数据结构来描述
	数据的独立性	不独立，完全依赖于程序	独立性差	具有高度的物理独立性和逻辑独立性
	数据控制能力	由应用过程控制	用应用过程控制	由 DBMS 提供数据安全性、完整性、并发控制和恢复能力

1.4.1　人工管理阶段

20 世纪 50 年代中期之前，数据管理技术处于人工管理阶段，在此阶段内，没有磁盘等直接存取设备，只有纸带、卡片、磁带等外存，也没有操作系统和管理数据的专门软件。数据处理的方式是批处理。

人工管理阶段的数据管理主要特点如下。

(1)数据不保存。

(2)由应用程序管理数据。

(3)数据不共享。

(4)数据不具有独立性。

1.4.2　文件系统阶段

20世纪50年代到60年代后期，数据管理技术处于文件系统阶段，在此阶段中，计算机硬件和软件都有了一定的发展：磁盘、磁鼓等直接存取设备开始普及，也产生了专门的软件来管理数据，这样的软件一般称为文件系统。

文件系统阶段的数据管理具有如下特点。

(1)数据可以长期保存。

(2)由文件系统管理数据。

(3)数据共享性差、冗余度高。

(4)数据独立性差。

1.4.3　数据库系统阶段

数据库技术最初产生于20世纪60年代中期，是在文件系统基础上发展而来的数据管理技术，直到近几年层出不穷的新数据库在性能和速度上都表现优异。可以大致将数据库技术发展过程划分为四个阶段：第一阶段的网状、层次数据库系统；第二阶段的关系数据库系统；第三阶段的开源型和分析型数据库系统；进入21世纪后，第四阶段的分布式数据库系统。

1. 萌芽阶段

在20世纪60年代是数据库的萌芽阶段。在此阶段，网状型数据库和层次型数据库并存。

1964年，美国通用电气公司(General Electric Co.)的Charles Bachman等人开发出世界上第一个网状DBMS，也即第一个数据库管理系统——集成数据存储(Integrated Data Store，IDS)。IDS在当时得到了广泛发行和应用，奠定了网状数据库的基础。之后，BF Goodrich Chemical公司重写了整个系统，并将重写后的系统命名为集成数据管理系统(IDMS)。

网状数据库模型对于层次和非层次结构的事物都能比较自然地模拟。在关系数据库出现之前，网状数据库要比层次数据库用得普遍。在数据库发展史上，网状数据库占有重要地位。

层次数据库是紧随网状数据库而出现的。最著名、最典型的层次数据库系统是IBM公司在1968年开发的IMS(Information Management System)。IMS是IBM公司研制的最早的大型数据库系统程序产品，从20世纪60年代末产生起到现今，它已经发展到IMS v6，可以提供群集、N路数据共享、消息队列共享等先进特性的支持。这个具有30年历史的数据库产品在现今的WWW应用连接、商务智能应用中扮演着新的角色。

网状数据库和层次数据库已经很好地解决了数据的集中和共享问题，但是在数据独立性和抽象级别上仍有很大欠缺。用户在对这两种数据库进行存取时，仍然需要明确数据的存储结构，指出存取路径。而后来出现的关系数据库较好地解决了这些问题。

2. 发展阶段

20 世纪 70 年代至 80 年代是数据库的发展阶段。在此阶段，关系型数据库异军突起，结构化查询语言(Structured Query Language，SQL)也是一个里程碑式的成果。

1970 年，IBM 的研究员 E. F. Codd 博士在名为 *A Relational Model of Data for Large Shared Data Banks* 的论文中提出了关系模型的概念，奠定了关系模型的理论基础。这篇论文也被普遍认为是数据库系统历史上具有划时代意义的里程碑。后来 Codd 又陆续发表多篇文章，论述了范式理论和衡量关系系统的 12 条标准，用数学理论奠定了关系数据库的基础。到了 80 年代，几乎所有新开发的数据库系统都是关系型的。而真正使得关系数据库技术实用化的关键人物是 James Gray。Gray 在解决如何保障数据的完整性、安全性、并发性以及数据库的故障恢复能力等重大技术问题方面发挥了关键作用。关系数据库系统的出现，促进了数据库的小型化和普及化，使得在微型机上配置数据库系统成为可能。直到今天，关系型数据库依然处于主流地位。

1974 年，IBM 的 Ray Boyce 和 Don Chamberlin 将 Codd 关系数据库的 12 条准则的数学定义以简单的关键字语法表现出来，里程碑式地提出了 SQL 语言。SQL 语言的功能包括查询、操纵、定义和控制，是一个综合的、通用的关系数据库语言，同时又是一种高度非过程化的语言，只要求用户指出做什么而不需要指出怎么做。SQL 集成实现了数据库生命周期中的全部操作。SQL 提供了与关系数据库进行交互的方法，它可以与标准的编程语言一起工作。自产生之日起，SQL 语言便成了检验关系数据库的试金石，而 SQL 语言标准的每一次变更都指导着关系数据库产品的发展方向。然而，直到 20 世纪 70 年代中期，关系理论才通过 SQL 在商业数据库 Oracle 和 DB2 中使用。

3. 成熟阶段

20 世纪 90 年代互联网崛起，数据量的急剧增加使得人们在数据分析上的需求不断增大，而传统的联机事务处理(On-Line Transaction Processing，OLTP)是面向应用的，主要通过简单的事务完成一些日常操作处理，无法支持大量数据的分析。这时就需要建立联机分析处理(On-Line Analytical Processing，OLAP)的数据库，OLAP 数据库是面向主题的，通过复杂的查询完成分析和决策，如 Teradata、Sybase IQ、Greenplum 等就在此需求下快速成长起来。

另外，随着互联网和开源社区的发展，开源成为软件业的一个趋势。开源数据库也开始崭露头角，出现了 PostgreSQL 和 SQLite 等为代表的开放源代码的数据库系统，推动了开源软件事业的发展。

受当时技术风潮的影响，在相当一段时间内，人们将大量精力投入“面向对象的数据库系统(Object Oriented Database)”，也即“OO 数据库系统”的研究中。面向对象的关系型数据库系统产品在后续数年的市场发展的情况并不理想，这主要是由于其查询语言极其复杂，以及其替代现有数据库的战略难以实现。现在，许多关系数据库中会加入纯面向对象数据库的功能，如 Versant、UNISQL、O2 等，它们均具有关系数据库的基本功能，采用类似于 SQL 的语言，用户很容易掌握。

4. 拓展阶段

21 世纪的第一个十年中，互联网数据存储的信息量增长了成千上万倍，数据的环境千变万化，数据量爆炸式增长，用户的需求个性化，交互的增加和实时性，导致传统的数据库和传统的数据处理方案已经越来越难满足对数据的处理要求。传统的数据库系统侧重于数据的一致性和可用性，性能、可扩展性都相对较差，无法满足可扩展性和实时性的要求。此时，分布式数据库划时代而来。分布式数据库具有卓越的性能，常常可以全面支持多种数据库模式，并且通过分布式事务以及全局时间，可以实现计算能力以及存储空间的无限水平扩展。

以谷歌为代表的互联网公司逐渐推出了面向大数据的数据库计算框架及存储系统，也就是所谓的谷歌 Google File System(GFS)、Google Bigtable、Google MapReduce 三大技术。这三大技术分别解决了分布式文件系统问题，分布式键值(Key Value，KV)存储的问题，在分布式文件系统和分布式 KV 存储上如何做分布式计算和分析的问题。这三大技术的产生，原因是数据强一致性对系统的水平拓展以及海量数据爆发式增长的分析能力出现了断层。为了解决这个问题，需要把这种数据的强一致性需求弱化，换来能够使用分布式的集群做水平拓展处理。

谷歌的"三大技术"在业界诞生以后，很快衍生了一个新的领域，叫作 NoSQL(Not Only SQL)，它是针对非结构化、半结构化的海量数据处理系统。有许多优秀的商业公司就是基于 NoSQL 发展的，如文档数据(MongoDB)、缓存(Redis)等都是较为常用的 NoSQL 系统。

1.4.4 数据管理技术的未来发展趋势

回顾数据管理技术发展的三个阶段，可以说从人工管理阶段到文件系统阶段，是计算机开始应用于数据的重大进步；而从文件系统阶段到数据库系统阶段，则标志着数据管理技术质的飞跃。20 世纪 80 年代后，如 Oracle、Sybase 等软件在大、中型计算机上实现并应用了数据管理的数据库技术，而一些常见的如 MySQL 等软件在微型计算机上也可使用数据库管理技术，这使得数据库技术得到了广泛应用和普及。

而在 21 世纪的第二个十年，我们见证了数据库从结构化数据在线处理到海量数据分析，从 SQL+OLTP 的关系型数据库到 ETL(Extract-Transform-Load)+OLAP 的数据仓库(Data Warehouse)，再到现今 NoSQL+数据湖(Data Lake)的异构多源数据类型的发展历程。如 AWS Aurora、Redshift、Azure SQL Database、Google F1/Spanner 以及阿里云的 POLARDB 和 AnalyticDB 等都发展起来了。在这十年中，Google、Amazon、阿里巴巴这些云计算厂商成了这时期数据库发展的主要源动力，他们创造了主要的核心数据库新技术，推动数据库技术继续不断向前。

未来，在数据管理技术发展过程中，云、本地、边缘间的界限将会逐渐消失，数据管理会向分布式(Distributed)、无服务器(Serverless)、协调(Orchestrated)、元数据(Metadata)的方向发展。其中，采用分布式是因为未来的数据管理需要随数据所在的位置而进行；无服务器并非是指未来不需要服务器，而是指没有一个明确的集中式服务器；协调是指协调管理产生在不同的地方和设备上的数据；元数据则可以将分散在各处的数据协调在一起，因此元数据是未来数据管理中非常重要的一个元素。

总体而言，数据管理的未来发展趋势可从三个维度来看：架构的改变、技术的转变以及组织的衍化。

1. 架构的改变

架构将会向云平台迁移。2018 年，一项针对数据和分析的采用趋势的调查结果显示，企业机构目前使用最普遍的信息基础架构技术为“基于云平台的数据存储”(63%)，如以阿里云为基础的 OceanBase 就是一款性能卓越的云数据库产品。而一些传统技术，如数据仓库和数据库管理系统(DBMS)仍然占着相当大的比重。这些传统技术在未来并不会消失。

例如，数据仓库具有非常广泛的应用，未来数据的研究和分析都需要用到该技术(主要配合在特定案例和场合中使用)。未来还将有诸如“数据目录”(Data Catalogs)这样的技术被广泛使用。此外，数据湖已从此前放置在内部数据中心转变为目前可放在云端上，这是一个非常大的变化，未来诸如此类比较高端的技术均可以移至云平台之上。

为了应对空间大数据所带来的问题，非关系型数据库不断发展，产生了许多应用场景各不相同的非关系型数据库，如 Cassandra、Redis、MongoDB、VlotDB 和 Hadoop/HBase 等。根据各自设计目标的不同，它们各有所长，如 Redis 是一款开源高性能的数据库产品，它是一个 Key-Value 存储系统，一般被用于缓存；Cassandra 是一个混合型的非关系的数据库，其主要功能比分布式的 Key-Value 存储系统更丰富，常用于数据分析；HBase 是一个高可靠性、高性能、面向列、可伸缩、实时读写的分布式数据库，也常被用于数据分析。非关系型数据库具有读写性能高、易拓展以及适用多种格式存储数据的特点，正符合向云平台迁移的趋势，通过云计算可以很好地满足非关系型数据库对数据存储和处理的需求。

2. 技术的转变

技术转变，是指人工智能和机器学习的应用，动态元数据创造“自我驱动型”数据管理，开源软件收益与风险的平衡等方面。

人工智能可以从数据质量、数据管理、数据集成和数据库管理系统几个方面帮助企业机构增强数据管理。而机器学习和人工智能是一个后端底层技术，诸如性能分析等更多数据管理工作的完成还需动态元数据的支持。元数据专门用于描述数据的特质，帮助企业机构将不同的数据进行关联并作推荐。以数据分析为例，企业机构在定义数据的相关性时，动态元数据就会起到中间凝合力的作用。最后，若企业机构需要研发创新并保持灵活性，那么开源软件应是首要选择。

在“数据为王”的互联网时代，对大数据的分析和利用能力成为许多企业和组织的核心竞争力。现今大部分数据都是非结构化、残缺并且无法用传统方法处理的，如共享单车、滴滴出行等新型企业的发展也为大数据时代的数据管理技术带来新的机遇和挑战。数据量的爆炸式增加成为技术转变的重要推动力，人工智能、机器学习的应用和“自我驱动型”数据管理等技术的发展都将成为大数据时代数据库技术和数据管理技术的重要支撑。

3. 组织的演化

组织演化，是指使用动态元数据去连接、优化、自动化数据集成流程，以及在数据管理中使用人工智能技术，能够帮助企业机构进行更多的自动化工作等。

在一项数据分析工作的自动化优先级的调研中显示，数据集成是最费时间也最易出错的部分。此外，机器学习相关技术的研发需要进行大量前期的数据准备（Data Preparation），数据科学家需要花费70%~80%的时间进行数据准备。因此，若数据准备无法进行自动化，那么项目交付的时间就会极其漫长。

未来数据集成工作需要人与机器共同完成。数据存在不同的端口且数量庞大，因此单独的人力难以进行处理，需有工具进行支持。人工智能与机器学习技术便是解决上述问题的有力工具，让人力做不到或短期内无法实现的工作变成现实，极大提高数据的处理与分析效率。

1.5 本章小结

本章详细讲解了数据库系统相关的基本概念和基础知识，还介绍了数据库相关的背景和发展趋势。

第一节首先介绍了数据库相关的四大基本概念，并辅以一些简单的例子对其进行说明。还对数据库的应用进行了说明，并辅以图示来介绍数据库在这些应用领域的支持作用。读者学习完第一节，应对数据库的概念有初步的了解和掌握。

第二节介绍数据库结构与组成。其中，从应用开发人员和最终用户两个角度来说明数据库结构；对于数据库系统的组成，则详细介绍了各个组成部分的要求和特点等。

第三节介绍数据库系统的特点，除四个传统的数据库的特点外，还结合近年数据库的新发展总结出新的特点，并进行详细的解释。读者可以通过这一节的内容加深对数据库系统的理解。

第四节中，首先介绍数据管理的含义；然后，介绍数据管理技术发展的三大阶段，并在第三阶段“数据库系统阶段”展开介绍数据库的发展过程，分为萌芽阶段、发展阶段、成熟阶段和拓展阶段，并通过一些重要研究成果和产品来梳理数据库发展的情况和特点；最后，对数据管理技术的未来发展趋势展开讨论。读者可以通过本节的内容了解数据库技术的大背景，并且进一步加深对数据库的背景的认识。

本章中基本概念和基础知识较多，需要读者加以理解记忆，而本章中讨论的数据库的背景和发展趋势则需要多加思考。本章的学习将为后续的学习打下基础。

第 2 章　数据库基础及规范化

2.1　数据模型

数据模型(Data Model)是对现实世界数据特征的抽象。它由三个部分组成：数据结构、数据操作、数据约束，从抽象层次上描述了系统的静态特征、动态行为和约束条件。数据模型抽象、表示、处理现实世界中的具体事物，将具体事物转化成计算机能够处理的数据，也就是数字化。它为数据库系统的信息表示与操作提供了一个抽象的框架。通俗来讲，数据模型就是现实世界的模拟。

数据模型应该满足三方面的要求：能比较真实地模拟现实世界，容易为人所理解和便于在计算机上实现。目前很难令某一种模型全方面地满足这三个方面的要求，在数据库系统中需要针对不同的使用对象和应用目的采取不同的数据模型。

按照不同应用层次，可以将数据模型分为三种类型：概念数据模型、逻辑数据模型和物理数据模型。

1. 概念数据模型(Conceptual Data Model)

概念数据模型简称概念模型，也称信息模型，它是一种面向用户的概念模型，按用户的观点对数据和信息进行建模。概念模型主要用来进行数据库设计。

概念模型是现实世界到机器世界的一个中间层次，它用于信息世界的建模，是现实世界到信息世界的第一层抽象，也是数据库设计人员和用户进行交流的语言。因此，概念模型必须具有较强的语义表达能力，并且还要简单清晰、易于用户理解。

在信息世界，有如下几个重要的概念。

1)实体(Entity)

实体是指现实世界中客观存在的并可以相互区分的对象或事物。实体可以是具体的人、事和物，也可以是抽象的概念、联系，如一个学生、一门课、某学生的一次选课、某教师在某院系工作等。

2)属性(Attribute)

属性值是指实体的某一特性。一个实体可以有多个属性，例如，学生实体可以由“学号、姓名、性别、所在院系”这些属性组成，那么属性组合(10021，李刚，男，计算机学院)即表征了一个学生。

3)实体型(Entity Type)

实体型描述的是具有相同属性的实体必然的特征。例如，在“学生(学号，性别，出生年月)”中，学号、性别和出生年月都是学生的必然存在的属性特征，“学生(学号，性别，出生年月)”这样一组实体名及描述它的各属性名，就是实体型。

4)实体集(Entity Set)

实体集描述的对象是具有相同类型及相同属性的实体的集合，即侧重于实体的集合。例如，“全体学生”就是就是一个实体集。

5)码(Key)

码是能够唯一标识实体的属性或属性集，它是整个实体集的性质，而不是单个实体的性质。例如，学生实体的码就是学号。码包括超码，候选码，主码。

6)联系(Relationship)

现实世界中的事物内部和事物之间是有联系的，在信息世界，这些联系就反映为实体(型)内部的联系和实体(型)之间的联系。实体内部的联系通常指组成实体的各属性之间的联系。实体之间的联系通常指不同实体集之间的联系。实体集之间的联系分为一对一、一对多和多对多等类型。

2. 逻辑数据模型(Logical Data Model)

逻辑数据模型简称逻辑模型，它既要面向用户，也要面向系统，主要包括层次模型(Hierachical Model)、网状模型(Network Model)、关系模型(Relation Model)、面向对象模型(Object Oriented Model)和对象关系模型(Object Relational Model)等。它是按计算机的观点对数据建模，用于 DBMS 的实现。

3. 物理数据模型(Physical Data Model)

物理数据模型简称物理模型，它是面向计算机物理表示的模型，是对数据深层次的抽象，描述数据在系统内部的表示方法和访问方法，物理模型的具体实现是 DBMS 的任务。数据库设计人员要了解和选择物理模型，最终用户则不需要考虑物理级的细节。

数据模型是数据库系统的核心和基础，计算机中数据管理系统软件都是基于某种数据模型，或者是支持某种数据模型的。

通常人们需要首先将现实世界抽象为信息世界，然后将信息世界转换成机器世界。这样才能够将现实世界中的一些具体事物抽象、组织成 DBMS 能够支持的数据模型。此处的信息世界是对客观对象的一种抽象的信息结构，这种信息结构并不依赖于计算机系统，也不是 DBMS 支持的数据模型，而只是一种概念级的模型，这样的概念模型还需转化为某一 DBMS 支持的数据模型。这一过程可以用图 2-1 来表示。

数据库设计人员可以实现从现实世界到概念模型的认识抽象过程；数据库管理人员可以实现从概念模型到逻辑模型的转换，并且可以采用数据库设计工具来辅助设计人员；而从逻辑模型到物理模型的转换主要由数据库管理系统来完成。

下面具体介绍三种常用的数据模型：层次模型、网状模型以及关系模型。

层次模型和网状模型属于格式化模型，在格式化模型中，实体用记录表示，实体的属

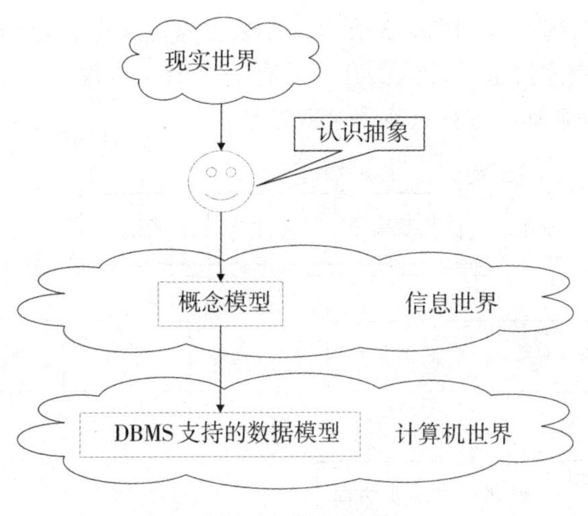

图 2-1 转化过程

性便对应记录的数据项或字段。实体之间的关系在格式化模型中转换为记录之间的两两联系。

格式化模型中的数据结构的单位是基本层次联系，如图 2-2 所示，这种基本层次联系就是两个记录以及它们之间的联系。图 2-2 中，R_i 是名为“ L_{ij} ”的联系的起始点，这样的记录称为双亲节点(Parent)；而 R_j 是联系的终点，称为子女节点(Child)。

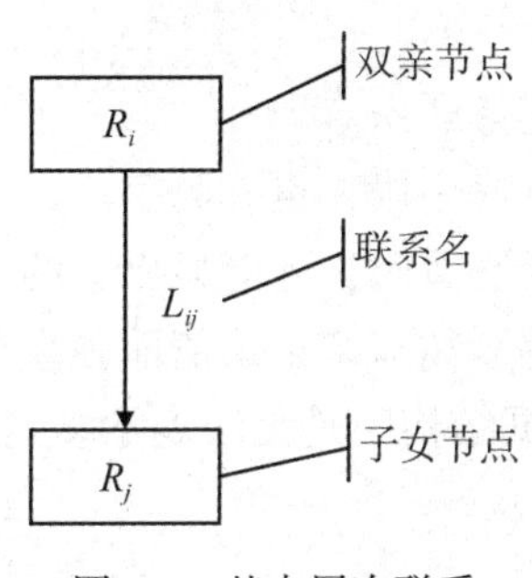

图 2-2 基本层次联系

2.1.1 层次模型

层次模型(Hierachical Model)是数据库系统中最早出现的数据模型，它将数据组织成一对多关系的结构，可以用树形结构表示实体及实体间的联系。从图形表现上看，层次模型就是一个倒立生长的树。现实中许多实体之间的关系本身就呈现一种很自然的层次关系，如家族关系、行政机构等。

典型的层次数据库系统是由 IBM 公司在 1968 年推出的 IMS 数据库管理系统，这是第一个大型商用数据库管理系统。

1. 数据结构

层次模型的数据结构示例如图 2-3 所示，在数据库定义中，要满足下面两个条件的基本层次联系的集合才能称为层次结构：有且只有一个节点，没有双亲节点(这个节点称为根节点)；根以外的其他节点有且只有一个双亲节点。

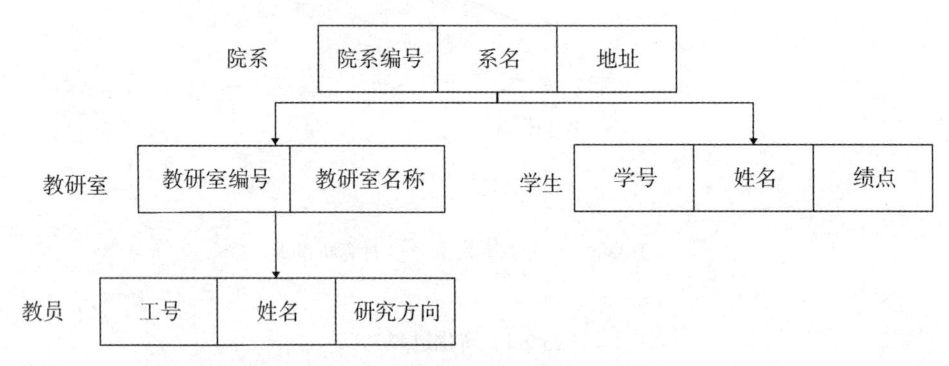

图 2-3　层次模型的数据结构示例

在层次模型的数据结构中，属性用字段描述，实体型用记录类型表示，每一个节点表示一个记录类型，而每个记录类型可以包含多个字段，记录类型之间的联系用节点之间的连线(有向边)表示。这种联系是父子节点之间一对多的联系，使得层次模型联系用节点之间的连线表示一对多联系。

层次模型的数据结构具有以下特点：

(1)节点的双亲是唯一的。

(2)只能直接处理一对多的实体联系。

(3)每个记录类型定义一个排序字段，也称码字段。

(4)任何记录值只有按其路径查看时，才能显出它的全部意义。

(5)没有一个子女记录值能够脱离双亲记录值而独立存在。

在前文提及，层次模型的数据结构中是无法表示多对多关系的。多对多联系如图 2-4 所示。

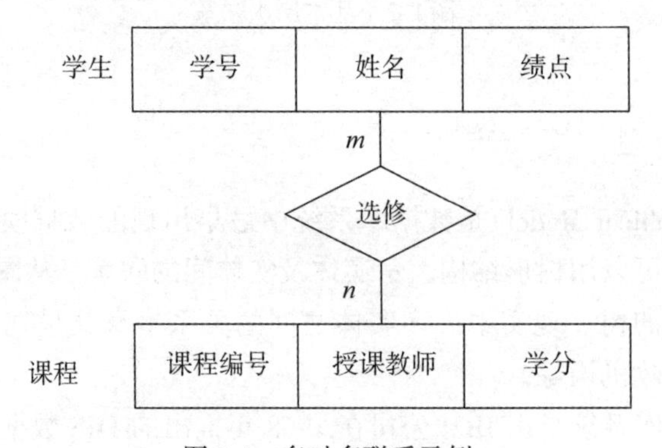

图 2-4　多对多联系示例

层次结构中，需要采用冗余节点法或虚拟节点法将多对多联系分解成一对多联系。下面对这两种方法进行解释，并说明各自的优缺点。

1)冗余节点法

冗余节点法是将两个实体的多对多的联系转换为两个一对多的联系。该方法的优点是节点清晰，允许节点改变存储位置。缺点是需要额外的存储空间，有潜在的数据不一致性。冗余节点法示意如图 2-5 所示。

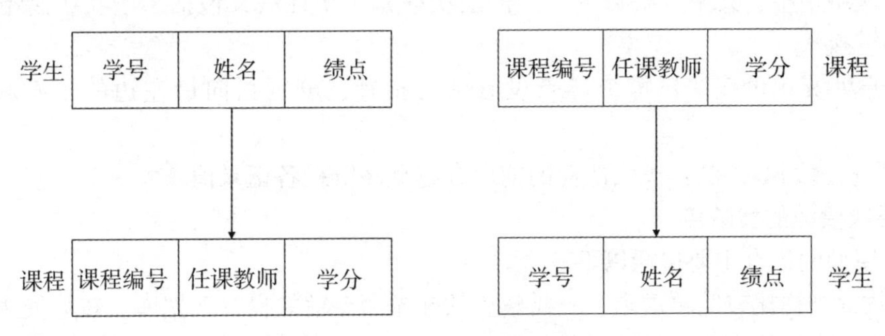

图 2-5　冗余节点法示例

2)虚拟节点法

虚拟节点法是将冗余节点转换为虚拟节点，虚拟节点是一个指引元，指向所代替的节点(图 2-6)，该方法的优点是减少对存储空间的浪费，避免数据不一致性。但是改变存储位置可能会引起虚拟节点中指针的修改。

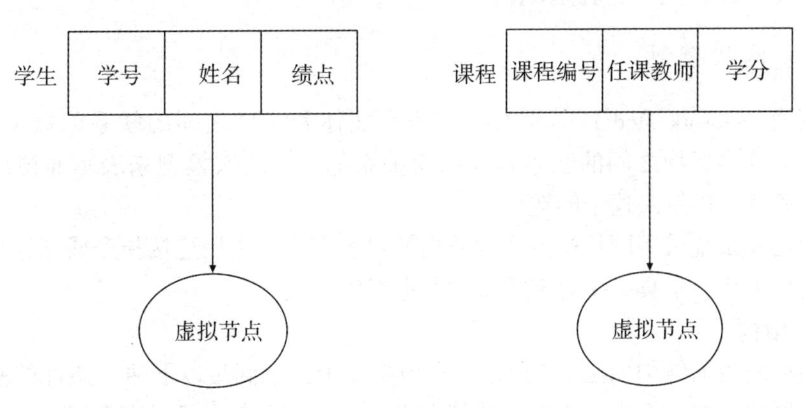

图 2-6　虚拟节点法示例

2. 数据操作与完整性约束

层次模型的数据操作主要包括查询、插入、删除、更新。在进行插入、删除、更新操作时，需要满足层次模型的完整性约束条件。

在进行插入操作时，如果没有相应的双亲节点值，就不可以插入它的子女节点值；在进行删除操作时，删除双亲节点值时相应的子女节点值也被同时删除；更新操作时，则应修改所有相应的记录，以保证数据的一致性。

3. 存储结构

层次模型的存储结构分为邻接法和指针法两种方法。

1)邻接法

在邻接法中，按照层次树前序遍历的顺序把所有记录值依次邻接存放，即通过物理空间的位置相邻来实现层次顺序。

2)指针法

指针法中用指引元来反映数据之间的层次联系。指针法又包括了子女-兄弟链接法和层次序列链接法。

(1)子女-兄弟链接法：每个记录设有两类指针，分别指向最左边的子女和最近的兄弟。

(2)层次序列链接法：按层次树的前序穿越顺序链接各记录值。

4. 层次模型的优缺点

层次模型的优点主要包括以下三个方面。

(1)数据结构比较简单清晰，只需较少的几条命令就能操纵数据库，较易使用。

(2)最适合实体间联系是固定的且预先定义好的应用系统。

(3)提供了良好的完整性支持。

而层次模型的缺点包括以下三个方面。

(1)对于非层次性联系(两个以上的实体型间的复杂联系或多对多联系)，只能通过引入冗余数据或创建虚拟节点的方式解决。

(2)插入和删除操作限制较多。

(3)查询子女节点必须通过双亲节点。

2.1.2 网状模型

网状模型(Network Model)是用有向图表示实体和实体之间的联系的数据结构模型。现实世界中有许多事物之间的联系是非层次关系的，用层次模型来表示非树结构很不直接，而网状模型可以解决这个问题。

网状数据库系统采用网状模型作为数据的组织方式，它用连接指令或指针来确定数据间的网状连接关系，是具有多对多类型的数据组织方式。

1. 数据结构

网状模型的数据结构如图2-7所示，在数据库中，把满足以下两个条件的基本层次联系集合称为网状模型：允许一个以上的节点无双亲，一个节点可以有多于一个双亲。

网状模型是一种比层次模型更具普遍性的结构，与层次模型相比，它没有层次模型的两个限制，而允许多个节点没有双亲，也允许节点有多个双亲。另外，网状模型还允许两个节点之间有多种联系(复合联系)。因此，网状模型是一种可以更直接地描述现实世界的结构，而层次模型可以看作网状模型的一个特例。

与层次模型一样，在网状模型数据结构中，实体型用记录类型表示，每一个节点表示一个记录类型(实体)，而属性用字段描述，每个记录类型可以包含多个字段(实体的属性)，用节点之间的连线表示记录类型(实体)之间一对多的父子联系。

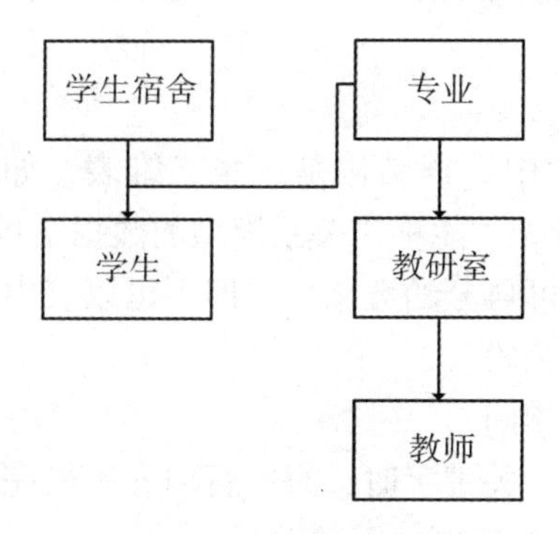

图 2-7 网状模型数据结构示例

2. 数据操作与完整性约束

一般来说，网状模型没有层次模型那样严格的完整性约束条件，但具体网状数据库系统都对数据操纵加了一些限制，具有一定的完整性约束。

网状模型的数据操作主要有查询、插入、删除、更新。插入操作允许插入尚未确定双亲节点值的子女节点值；删除操作允许只删除双亲节点值；更新操作时只需更新指定记录即可。

3. 存储结构

网状模型的存储结构关键在于实现记录之间的联系，常用的方法有：链接法(包括单向链接、双向链接、环状链接、向首链接)，指引元阵列法，二进制阵列法，索引法等。

4. 网状模型的优缺点

网状模型优点主要有以下两点。

(1)能更为直接地描述客观世界，可表示实体间的多种复杂联系。

(2)具有良好的性能，存取效率较高。

而它的缺点有以下三点。

(1)结构比较复杂，且随着应用环境的扩大，数据库的结构会变得越来越复杂，不利于用户最后掌握它。

(2)DDL、DML 语言极其复杂，并且要嵌入某一种高级语言，用户不易掌握和使用它。

(3)由于记录间的联系是通过存取路径实现的，应用程序在访问数据时要指定存取路径，因此用户必须了解系统结构的细节。这加重了编写程序的负担。

2.1.3 关系模型

关系模型(Relation Model)是最重要的一种数据模型。关系数据库系统就是采用关系模型作为数据的组织方式。20 世纪 80 年代以来，计算机厂商新推出的数据库管理系统基本上都是支持关系模型的。即使到现在，关系型数据库也仍然是主流，因此本书的重点也将放在关系数据库上，在后面的章节中将详细讲解。

关系模型是以记录组或数据表的形式组织数据，以便于利用各种实体与属性之间的关系进行存储和变换，不分层也无指针，是建立空间数据和属性数据之间关系的一种非常有效的数据组织方法。

1. 数据结构

在用户观点下，关系模型中数据结构是一张二维表，如表2-1所示，它由行和列组成。只有满足以下条件的二维表才能称作关系模型的数据结构。

(1)表的每个分量都是不可再分的数据项，即不可以表中还有表。

(2)表中不能出现重复的字段。

(3)每一列数据类型必须相同。

(4)在含有主关键字或唯一关键字时，每一行内容不能完全相同。

其中，行列顺序不影响各数据项之间的关系。

表2-1　学生登记表

学号	姓名	年龄	性别	方向	年级
2016302130201	王丽	20	女	遥感技术	16
2017302130145	李华	20	男	摄影测量	17
2018302130078	张斌	19	女	地理信息系统	18
……	……	……	……	……	……

下面结合表2-1学生登记表，介绍关系模型的相关术语。

(1)关系(Relation)：一个关系对应通常所说的一个表，如表2-1所示的学生登记表。

(2)元组(Tuple)：表中的一行，即为一个元组。

(3)属性(Attribute)：表中的一列，如表2-1中的属性有“学号、姓名、年龄、性别、方向、年级”。而给属性起的名字，即为属性名。

(4)码(Key)：表中的某个属性组，可以唯一确定一个元组。例如，表2-1中，“学号”可以唯一确定一个学生，也就是本关系的码。

(5)域(Domain)：属性的取值范围，是一组具有相同数据类型的值的集合。例如，表2-1中“年龄”属性的域在0到120之间。

(6)分量(Component)：元组中的一个属性值，如表2-1中“2016302130201”“王丽”“20”“女”“遥感技术”“16”每一个属性值都是其对应元组的分量。

(7)关系模式：对关系的描述，一般表示为

关系名(属性1，属性2，…，属性n)

例如，表2-1的关系可以描述为

学生(学号，姓名，年龄，性别，方向，年级)

关系模型要求关系必须是规范化(Normalization)的，即要求关系必须满足一定的规范条件。规范条件中的最基本的一条就是关系的每个分量都是不可再分的数据项，即表中不能还有表。例如，在表2-2所示的关系中，成绩是一个可分的数据项，可以分为数学成绩和英语成绩，因此表2-2就不满足关系模型的要求，原因可以参见2.3.2节关系规范化的

相关内容。

表 2-2　关系模型示例

学号	姓名	院系	成绩	
			数学	英语
10010	李勇	数学院	90	82
10011	王宏	计算机学院	89	79
……	……	……	……	……

2. 数据操作与完整性约束

关系模型的数据操作有查询、插入、删除以及更新操作，这些操作必须满足关系的完整性约束条件。关系的完整性条件包括下面的三大类。

1)实体完整性

若属性(一个或一组属性)A 是基本关系 R 的主属性，则 A 不能取空值。

2)参照完整性

若属性(或属性组)F 是基本关系 R 的外码，它与基本关系 S 的主码 Ks 相对应(基本关系 R 和 S 不一定是不同的关系)，则对于 R 中每个元组在 F 上的值必须为空值(F 的每个属性值均为空值)或者等于 S 中某个元组的主码值。

3)用户定义完整性

即针对某一具体关系数据库的约束条件，反映某一具体应用所涉及的数据必须满足的语义要求。

3. 存储结构

关系模型中实体及实体间的联系都用表来表示，但是表是关系数据的逻辑模型。在关系数据库的物理组织中，有的关系数据库管理系统中一个表对应一个操作系统文件，将物理数据组织交给操作系统完成；有的关系数据库管理系统从操作系统那里申请若干个大文件，自己划分文件空间，组织表、索引等存储结构，进行存储管理。

4. 关系模型的优缺点

关系模型有如下两个优点。

(1)建立在严格的数学概念的基础上，数据结构简单、清晰，用户易懂易读。

(2)实体以及它们之间的联系都用关系表示，存取路径对用户透明，从而具有更高的数据独立性、更好的安全保密性。

但是关系模型的查询效率不如非关系模型，这是关系模型的缺点。因此为了提高效率，DBMS 需对用户的查询请求进行优化，这增加了开发 DBMS 的难度。

2.2　关系数据库基础

关系数据库系统是支持关系模型的数据库系统，在 2.1 节中已初步介绍了关系模型及其基本术语，在本节中将对关系模型作更进一步的介绍。

按照数据模型的三个要素，关系模型由关系数据结构、关系操作集合和关系完整性约束三部分组成。其中，在前文对关系模型的介绍中已经讲解关系完整性约束，本节中重点介绍关系数据结构和关系操作集合。

2.2.1　数据结构

在关系型数据结构中，数据是用二维表格的形式来组织的。但与简单表格中的结构有本质区别：关系模型的数据具有更严密的定义，如数据类型一致、数据不可再分割、两行数据不能相同等。关系模型数据结构具有简单、灵活、存储效率高等特性，所以在结构化数据组织过程中得到了广泛的应用。

1. 关系

在关系模型中，现实世界中实体和实体间的各种联系均用关系来表示。在用户看来，关系模型中数据的逻辑结构是一张扁平的二维表。

由于关系模型是建立在集合代数基础上的，下面就从集合论的角度给出关系数据结构的形式化定义。

1)域(Domain)

域是一组具有相同数据类型值的集合。例如，自然数、长度小于 25 的字符串的合集，或{男，女}等，都可以称作域。

2)笛卡儿积(Cartesian Product)

笛卡儿积是域上的一种集合运算。给定一组域 D_1，D_2，…，D_n，其中某些域可以有相同的，那么 D_1，D_2，…，D_n 的笛卡儿积为

$$D_1 \times D_2 \times \cdots \times D_n = \{(d_1, d_2, \cdots, d_n) \mid d_i \in D_j, i = 1, 2, \cdots, n\}$$

其中，没一个元素(d_1，d_2，…，d_n)称为一个 n 元组(n-Tuple)，或简称为元组(Tuple)，而元素中每一个值(d_i)都称为一个分量。

一个域允许的不同取值个数，称为这个域的基数(Cardinal Number)。

3)关系(Relation)

$D_1 \times D_2 \times \cdots \times D_n$ 的子集叫作在域(d_1，d_2，…，d_n)上的关系，表示为

$$R(D_1, D_2, \cdots, D_n)$$

这里的 R 代表关系的名字，n 是关系的目或度(Degree)。即关系是笛卡儿积的有一定意义的、有限的子集，所以关系也是一个二维表，表的每一行对应一个元组，表的每一列对应一个域。

4)属性(Attribute)

关系中不同列可以对应相同的域，为了加以区分，必须对每列起一个名字，称为属性。n 目关系必有 n 个属性：当 $n=1$ 时，称该关系为单元关系；当 $n=2$ 时，则称该关系为二元关系。

5)候选码(Candidate Key)

关系中的某一属性组的值能唯一地标识一个元组，则称该属性组为候选码，有些情况下，需要几个属性(即属性组或属性集合)才能唯一确定一条记录。

候选码的诸属性称为主属性(Prime Attribute)，不包含在任何候选码中的属性称为非主属性(Non-prime Attribute)或非码属性(Non-key Attribute)。候选码具有如下特性：①相异性，即任意两个元组的候选码是不相同的；②最小特性，即没有任何属性可以从候选码属性中删除。

候选码可以有多个，当关系模式的所有属性组是这个关系模式的候选码，称为全码(All-key)。

6)主码(Primary Key)

若一个关系有多个候选码，则选定其中一个为主码。

7)外码

关系模式中属性或属性组并非此关系模式的码，但这个属性或属性组是另一个关系模式的码，则称这个属性或属性组是本关系模式的外部码，也称外码。

上述的概念详细描述了关系数据结构的定义。下面介绍关系的三种类型，分别为基本关系(通常又称为基本表或表)、查询表和视图表。基本关系(基本表或基表)是实际存在的表，是实际存储数据的逻辑表示；查询表是查询结果对应的表；视图表是由基本表或其他视图表导出的表，是虚表，不对应实际存储的数据。

按照定义，关系可以是一个无限合集，当关系作为关系模型的数据结构时，需要有如下的限定和扩充：首先，无限关系在数据库系统中是无意义的，因此限定关系模型中的关系必须是有限合集；另外，通过将关系的每个列附加一个属性名的方法，取消关系属性的有序性。

因此，基本关系具有以下 6 个特征。

(1)列是同质(Homogeneous)的，既每一列中的分量为同一类型的数据，来自同一个域。

(2)不同的列可出自同一个域，称其中的每列为一个属性，不同的属性要给予不同的属性名。

(3)列的顺序无所谓，即列的次序可以任意交换。

(4)任意两个元组不能完全相同。

(5)行的顺序无所谓，即行的次序可以任意交换。

(6)分量必须取原子值，即每一个分量都必须是不可分的数据库。

2. 关系模式

关系模式(Relation Schema)是对关系的描述，它可以形式化地表示为 $R(U, D, \text{DOM}, F)$。其中，R 为关系名；U 为组成该关系的属性名集合；D 为属性组 U 中属性所来自的域；DOM 为属性向域的映象集合；F 为属性间的数据依赖关系集合。

在数据库中型和值的概念中，关系模式是型，关系是值。关系模式是静态的、稳定的，而关系是动态的、随时间不断变化的。因为关系操作在一直不断地更新数据库中的数据，例如，学生关系模式在不同的学年会有所不同。特别地，人们常把关系模式和关系都笼统地称为关系，需要读者注意区分。

3. 关系数据库

在一个给定的应用领域中，所有实体及实体之间联系的关系的集合构成一个关系数据库。关系数据库也有型和值之分：关系数据库的型称为关系数据库模式，是对关系数据库的描述，而关系数据库的值是这些关系模式在某一时刻对应的关系的集合，通常简称为关系数据库。

2.2.2　关系操作

关系模型给出了对于关系操作的能力的说明，但不对关系数据库管理系统语言给出具体的语法的要求。即不同的关系数据库管理系统可以定义和开发不同的语言来实现这些操作。

关系数据库中的核心内容是关系，即二维表。而对这样一张表的使用主要包括按照某些条件获取相应行、列的内容，或者通过表之间的联系获取两张表或多张表相应的行、列内容。关系操作的操作对象是关系，操作结果亦为关系。

关系操作的特点是集合操作方式，即操作的对象和结果都是集合。这种操作方式也称为一次一集合的方式。相应地，非关系模型的数据操作方式则为一次一记录的方式。

通常使用关系数据语言进行关系操作，关系数据语言包括关系代数语言(用对关系的运算来表达查询要求)、关系演算语言(用谓词来表达查询要求，又包括元组关系演算语言和域关系演算语言)以及具有关系代数和关系演算双重特点的语言。

关系模型中常用的关系操作包括查询(Query)操作和插入(Insert)、删除(Delete)、修改(Update)操作两大部分。关系的查询表达能力很强，是关系操作中最主要的部分。查询操作可以分为：选择(Select)、投影(Project)、连接(Join)、除(Divide)、并(Union)、差(Except)、交(Intersection)、笛卡儿积(Cartesian Product)等。其中，选择、投影、连接、除是专门的关系运算，而并、差、交、笛卡儿积是传统的集合运算。

下面以学生-课程数据库(共包含三张表：表 2-3 学生基本信息表、表 2-4 课程表、表 2-5 成绩表)为例，具体介绍查询操作中专门的关系运算。

表 2-3　学生基本信息表

学号	姓名	性别	年龄	方向
2016001	王鹏	男	22	摄影测量
2017002	李芳	女	21	地理信息系统
2018003	韩宇	男	20	遥感仪器

表 2-4　课　程　表

课程号	课程名称	学分
1	数据库原理及应用	2
2	面向对象的程序设计	2
3	高等数学	6
4	马克思主义原理	3

表 2-5 成 绩 表

学号	课程号	成绩
2016001	2	96
2016001	3	95
2017002	4	92
2018003	1	94
2018003	4	91

(1)选择(Select):在关系中选择满足某些条件的元组(行)。例如，在学生基本信息表(表 2-3)中查询学号为“2017002”的学生信息，经过选择操作的结果如表 2-6 所示。

表 2-6 选择操作结果表

学号	姓名	性别	年龄	方向
2017002	李芳	女	21	地理信息系统

(2)投影(Project):在关系中选择若干属性列组成新的关系。投影之后，不仅取消了原关系中的某些列，而且还可能取消某些元组，这是因为取消了某些属性列后，可能出现重复的行，应该取消这些完全相同的行。例如，在课程表(表 2-4)中查询课程号与课程名称，投影操作结果如表 2-7 所示。

表 2-7 投影操作结果表

课程号	课程名称
1	数据库原理及应用
2	面向对象的程序设计
3	高等数学
4	马克思主义原理

(3)连接(Join):将不同的两个关系连接成为一个关系。对两个关系的连接，其结果是一个包含原关系所有列的新关系。例如，在学生课程数据库中查询学生基本信息以及选修课程号和课程成绩，连接操作结果如表 2-8 所示。

表 2-8　连接操作结果表

学号	姓名	性别	年龄	方向	课程号	成绩
2016001	王鹏	男	22	摄影测量	2	96
2016001	王鹏	男	22	摄影测量	3	95
2017002	李芳	女	21	地理信息系统	4	92
2018003	韩宇	男	20	遥感仪器	1	94
2018003	韩宇	男	20	遥感仪器	4	91

(4)除(Divide)：由关系 R、S 得到一个新的关系 $P(X)$，P 是 R 中满足下列条件的元组在 X 属性列上的投影：元组在 X 上分量值 x 的象集 Y_x，包含 S 在 Y 上投影的集合。例如，查询至少选修 1 号和 4 号课程的学生学号，首先通过课程表建立一个临时表，只含有 1 号和 4 号课程的信息，如表 2-9 所示。再通过成绩表与临时表的除操作得到最后结果，除操作结果如表 2-10 所示。

表 2-9　课程临时表

课程号
1
4

表 2-10　除操作结果表

学号
2018003

下面以表 2-11、表 2-12 为例，具体介绍查询操作中传统集合运算。

表 2-11　***R*** 表

a	b	c
a_1	b_1	c_1
a_1	b_2	c_1
a_2	b_2	c_2

表 2-12　S 表

a	b	c
a_1	b_2	c_1
a_1	b_3	c_2
a_2	b_2	c_2

(1)并(Union)：关系 R 和关系 S 的并记作

$$R \cup S = \{t \mid t \in R \vee t \in S\}$$

其结果仍为 n 目关系，由属于 R 或属于 S 的元组组成。并操作结果如表 2-13 所示。

表 2-13　并操作结果表

a	b	c
a_1	b_1	c_1
a_1	b_2	c_1
a_1	b_3	c_2
a_2	b_2	c_2

(2)差(Except)：关系 R 和关系 S 的差记作

$$R - S = \{t \mid t \in R \wedge t \notin S\}$$

其结果仍为 n 目关系，由属于 R 而不属于 S 的所有元组组成。差操作结果如表 2-14 所示。

表 2-14　差操作结果表

a	b	c
a_1	b_1	c_1

(3)交(Intersection)：关系 R 和关系 S 的交记作

$$R \cap S = \{t \mid t \in R \wedge t \in S\}$$

其结果仍为 n 目关系，由既属于 R 又属于 S 的元组组成。交操作结果如表 2-15 所示。

表 2-15　交操作结果表

a	b	c
a_1	b_2	c_1
a_2	b_2	c_2

(4)笛卡儿积(Cartesian Product)：设关系 R 和关系 S 的元数分别为 r 和 s。定义 R 和 S 的笛卡儿积是一个$(r+s)$元的元组集合，每个元组的前 r 个分量来自 R 的一个元组，后 s 个分量来自 S 的一个元组。笛卡儿积操作结果如表 2-16 所示。

表 2-16　笛卡儿积操作结果表

Ra	Rb	Rc	Sa	Sb	Sc
a_1	b_1	c_1	a_1	b_2	c_1
a_1	b_1	c_1	a_1	b_3	c_2
a_1	b_1	c_1	a_2	b_2	c_2
a_1	b_2	c_1	a_1	b_2	c_1
a_1	b_2	c_1	a_1	b_3	c_2
a_1	b_2	c_1	a_2	b_2	c_2
a_2	b_2	c_2	a_1	b_2	c_1
a_2	b_2	c_2	a_1	b_3	c_2
a_2	b_2	c_2	a_2	b_2	c_2

2.3 规　范　化

在本节中，首先介绍一个关系属性间不同的依赖情况，也即函数依赖的概念。然后讨论如何根据属性间的依赖情况判定关系是否具有某些不合适的性质。通常可以根据属性间的依赖情况区分关系规范化程度为第一范式、第二范式、第三范式和第四范式等，结合例子解释如何将具有不合适性质的关系转化为更合适的形式。

2.3.1　关系依赖

数据依赖是一个关系内部属性与属性之间的一种约束关系，这种约束关系是通过属性间值是否相等体现出来的数据间的相关联系。数据依赖是数据内在的性质，体现的是语义，它显示的是现实世界属性之间相互联系的抽象。

目前已经有很多种类的数据依赖被提出，其中最重要的两种是函数依赖(Functional Dependency，FD)和多值依赖(Multivalued Dependency，MVD)，下面详细介绍这两种数据依赖。

1. 函数依赖

在数据库中，关系模式中的属性值之间会发生联系，如每个学生只有一个姓名，每门课程只能有一个任课老师，这类联系就称为函数依赖。

函数依赖可以定义如下：设 $R(U)$ 是一个属性集 U 上的关系模式，X 和 Y 是 U 的子集。若对于 $R(U)$ 的任意一个可能的关系 R 中不可能存在两个元组在 X 上的属性值相等，而在 Y 上的属性值不等，则称"X 函数确定 Y"或"Y 函数依赖于 X"，记作 $X \to Y$。

例如，在学生表(学号，姓名，年龄)中有函数依赖："学号 → 姓名"和"学号 → 年龄"，而"年龄 → 姓名"构不成函数依赖。

在关系模式 $R(U)$ 中，对于 U 的子集 X 和 Y，有几个不同种类的函数依赖，在此分别比较以解释这些不同类别的函数依赖。

1) 平凡函数依赖与非平凡函数依赖

当关系中属性集合 Y 是属性集合 X 的子集时 $Y \subseteq X$，存在函数依赖 $X \to Y$，即一组属性函数决定它的所有子集，这种函数依赖称为平凡函数依赖。

而当关系中属性集合 Y 不是属性集合 X 的子集时，存在函数依赖 $X \to Y$，则称这种函数依赖为非平凡函数依赖。

例如，在选课表(学号，课程号，成绩)中有"(学号，课程号) → 成绩"，为平凡函数依赖，而"(学号，课程号) → 学号"与"(学号，课程号) → 课程号"，为非平凡函数依赖。

2) 完全函数依赖与部分函数依赖

设 X，Y 是关系 R 的两个属性集合，X' 是 X 的真子集，存在 $X \to Y$，但对每个 X' 都有 X'！ $\to Y$，则称 Y 完全函数依赖于 X。

设 X，Y 是关系 R 的两个属性集合，存在 $X \to Y$，若 X' 是 X 的真子集，存在 $X' \to Y$，则称 Y 部分函数依赖于 X。

例如，在选课表(学号，课程号，成绩)中，有"(学号，课程号) → 成绩"，而"学号！ → 成绩"且"课程号！ → 成绩"，所以"(学号，课程号) → 成绩"为完全函数依赖。

3) 传递依赖

设 X，Y，Z 是关系 R 中互不相同的属性集合，存在 $X \to Y$(Y！ $\to X$)，$Y \to Z$，则称 Z 传递函数依赖于 X。

例如，在学生选方向表(学号，方向，导师)中，有"学号 → 方向(方向！ → 学号)"和"方向 → 导师"，则导师传递依赖于学号。

关于函数依赖，需要注意以下三点。

(1) 函数依赖不是指关系模式 R 的某个或某些关系实例满足的约束条件，而是指 R 的所有关系实例均要满足的约束条件。

(2) 函数依赖是语义范畴的概念。只能根据数据的语义来确定函数依赖。例如，"姓名→年龄"这个函数依赖只有在不允许有同名人的条件下成立。

数据库设计者可以对现实世界作强制的规定。例如，规定不允许同名人出现，那么函数依赖"姓名→年龄"成立。所插入的元组必须满足规定的函数依赖，若发现有同名人存在，则拒绝装入该元组。

(3) 属性之间有三种关系，但并不是每一种关系都存在函数依赖。设 $R(U)$ 是属性集 U 上的关系模式，X、Y 是 U 的子集，那么：

① 如果 X 和 Y 之间是 1∶1 关系(一对一关系)，如学校和校长之间就是 1∶1 关系，则存在函数依赖 $X \to Y$ 和 $Y \to X$；

② 如果X和Y之间是1∶n关系(一对多关系)，如年龄和姓名之间就是1∶n关系，则存在函数依赖$X \rightarrow Y$;

③ 如果X和Y之间是m∶n关系(多对多关系)，如学生和课程之间就是m∶n关系，则X和Y之间不存在函数依赖。

2. 多值依赖

多值依赖属于第四范式的定义范围，它比函数依赖要复杂得多。在关系模式中，函数依赖不能表示属性值之间的一对多联系，这些属性之间有时虽然没有直接关系，但存在间接的关系，像这样没有直接的联系，但有间接的联系，就称为多值依赖的数据依赖。

对多值依赖可以有如下定义：设$R(U)$是一个属性集U上的一个关系模式，X、Y和Z是U的子集，并且$Z=U-X-Y$。关系模式$R(U)$中多值依赖$X \rightarrow\rightarrow Y$成立，当且仅当对$R$的任一关系$r$，给定的一对$(X, Z)$对应一组$Y$的值，这组值仅取决于$X$值而与$Z$值无关。另外，若$X \rightarrow\rightarrow Y$，而$Z=\varphi$，即$Z$为空，称$X \rightarrow\rightarrow Y$为平凡多值依赖，否则称$X \rightarrow\rightarrow Y$为非平凡多值依赖。

例如，在课程信息表(课程，教师，教材)中，对于每一个课程都有一组教师与其对应，而与教材的取值无关，这就叫作多值依赖。

多值依赖具有对称性和传递性，函数依赖是多值依赖的特殊情况。

2.3.2　关系规范化

关系规范化是为了解决数据库中数据的插入、删除、修改异常等问题的一组规则，是数据库逻辑设计的指南和工具。在关系规范化理论中，我们主要学习范式和模式分解。

1. 范式

范式是符合某一种级别的关系模式的集合。关系数据库中的关系必须满足一定的要求，满足不同程度要求的为不同范式，范式是建立在函数依赖的基础上的。范式共包括6个种类：第一范式(1NF)、第二范式(2NF)、第三范式(3NF)、BC范式(BCNF)、第四范式(4NF)、第五范式(5NF)。

关于范式的研究主要有E. F. Codd在1971—1972年系统地提出了1NF、2NF、3NF的概念，提出了规范化的问题。在1974年，他又与Boyce一起提出BCNF。而4NF是由Fagin在1976年提出的，后来又有研究者提出了5NF。

一个低一级范式的关系模式通过模式分解(Schema Decomposition)可以转化为若干个高一级范式的关系模式的集合，这个过程就是规范化(Normalization)。

在上述定义中，“模式分解”是把低一级的关系模式通过投影分解为若干个高一级的关系模式的过程。在这个过程中，需要关注的问题是分解后的关系模式与原关系模式是否保持了函数依赖、是否具有无损连接性。对于模式分解的相关概念及示例将在下一小节详细展开。下面首先介绍关系数据库中的六大范式。

1)第一范式(1NF)

在任何一个关系数据库中，第一范式是对关系模式的基本要求，不满足第一范式的数据库就不是关系数据库。所谓第一范式，是指数据库表的每一列都是不可分割的基本数据项，同一列中不能有多个值，即实体中的某个属性不能有多个值或者不能有重复的属性。

如表 2-17 所示，其中“进货商品”属性分为了“单价”和“数量”，不符合 1NF 要求。

表 2-17　商品进货表

编号	商品名	进货商品		接收员
		单价	数量	
2020001	苹果	5	100	张三

我们可以采用分解的方法使其满足 1NF，如表 2-18 所示。

表 2-18　商品进货表(分解后)

编号	商品名	进货单价	进货数量	检验员
2020001	苹果	5	100	张三

从表 2-18 中可以看出，分解后“进货单价”与“进货数量”两个属性独立出来，既满足了属性不可分的条件(即满足了 1NF)，也没有出现信息的丢失。

2)第二范式(2NF)

第二范式是在第一范式的基础上建立起来的，即满足第二范式必须先满足第一范式。第二范式要求数据库表中的每个实例或行必须可以被唯一地区分，即要求实体的属性完全依赖于主关键字。

在表 2-19 中，满足属性不可分(即满足了 1NF)，“学号”和“学期”共同构成了主关键字，但是“姓”“方向”不完全依赖于(学号，学期)这一主关键字，不符合 2NF 要求。

表 2-19　学生成绩表

学号	姓名	方向	学期	绩点
2020001	Tom	摄影测量	1	3.85
2020001	Tom	摄影测量	2	3.81
2020002	Amy	地理信息系统	1	3.92

可以通过投影分解，将原表分解为学生信息表和绩点表，使其满足 2NF，如表 2-20 和表 2-21 所示。

表 2-20　学生信息表

学号	姓名	方向
2020001	Tom	摄影测量
2020001	Tom	摄影测量
2020002	Amy	地理信息系统

表 2-21　绩　点　表

学号	学期	绩点
2020001	1	3.85
2020001	2	3.81
2020002	1	3.92

从表 2-20 和表 2-21 中可以看出，分解后两表的主关键字依次为“学号”、(学号，学期)，而且在表 2-20 中“姓名”“方向”完全依赖于“学号”，在表 2-21 中“绩点”完全依赖于(学号，学期)，即非主属性完全依赖于主关键字，满足 2NF。

3)第三范式(3NF)

满足第三范式必须先满足第二范式。简而言之，第三范式要求一个数据库表中不包含在其他表中已包含的非主关键字信息，即第三范式的属性不依赖于其他非主属性。

在表 2-22 中，满足属性不可分，即满足 1NF；同时满足所有非主属性依赖于主关键字(学号)，即满足 2NF；但是专业导师决定了导师职称，即存在传递依赖，不符合 3NF 要求。

表 2-22　学生导师表

学号	姓名	专业导师	导师职称
2020001	李磊磊	王芳	副教授

我们可以通过投影分解，将原表分解为学生表和导师表，使其满足 3NF，如表 2-23 和表 2-24 所示。

表 2-23　学　生　表

学号	姓名	专业导师
2020001	李磊	王芳

表 2-24　导　师　表

专业导师	导师职称
王芳	副教授

从表 2-23 和表 2-24 中可以看出，分解后两表的各属性(学号，姓名，专业导师)、(专业导师，导师职称)均不存在传递依赖，满足 3NF。

4)BC 范式(Boyce Codd Normal Form，BCNF)

BC 范式可以说是修正后的第三范式。设关系模式 $R\langle U, F\rangle \in 1NF$，若函数依赖集合 F 中的所有函数依赖 $X \to Y$(Y 不包含于 X)的左部都包含 R 的任一候选键，那么 $R \in BCNF$。

简单来说，BC范式需要满足以下几个条件，所有非主属性对每一个候选键都是完全函数依赖，所有的主属性对每一个不包含它的候选键，也是完全函数依赖，以及没有任何属性完全函数依赖于非候选键的任何一组属性。

在表2-25中，满足属性不可分，即满足1NF；满足所有非主属性完全依赖于主关键字(仓库编号，货物编号)，即满足2NF；不存在传递依赖，即满足3NF；但存在主属性(仓库编号)对于码(货物编号，仓库保管员)的部分函数依赖与传递函数依赖，不符合BCNF要求。

表2-25　货物存储表

仓库编号	货物编号	仓库保管员	货物数量
201	202001	李华	300
201	202002	李华	200
202	202003	张凌	500
202	202004	张凌	100

我们可以通过投影分解，将表2-25分解为货物信息表和保管员信息表，使其满足BC范式，如表2-26和表2-27所示。

表2-26　货物信息表

仓库编号	货物编号	货物数量
201	202001	300
201	202002	200
202	202003	500
202	202004	100

表2-27　保管员信息表

仓库编号	仓库保管员
201	李华
202	张凌

从表2-26和表2-27中可以看出，分解后的两表主关键字分别为(仓库编号，货物编号)、仓库编号，不存在主属性仓库编号对码(货物编号，货物数量)、主属性货物编号对码(仓库编号，货物数量)的部分依赖，满足BCNF。

5)第四范式(4NF)

关系模式$R\langle U, F\rangle \in$1NF，如果对于R的每个非平凡多值依赖$X \rightarrow Y$(Y不属于X)，X

都含有候选码，则 $R \in$ 4NF。第四范式所允许的非平凡多值依赖就是函数依赖，不允许有非平凡且非函数依赖的多值依赖。

在表 2-28 中，满足属性不可分，即满足 1NF；满足所有非主属性完全依赖于主关键字(职工编号)，即满足 2NF；不存在传递依赖，即满足 3NF；表中存在多对多关系，即存在非平凡且非函数依赖的多值依赖，不符合 4NF 要求。

表 2-28　职工信息表

职工编号	职工孩子姓名	职工选修课程
20001	王斌	心理学
20001	王帅	心理学
20002	张峰	心理学
20002	张峰	教育学

我们可以通过投影分解，将表 2-28 分解为职工孩子表和职工选课表，使其满足 BC 范式，如表 2-29 和表 2-30 所示。

表 2-29　职工孩子表

职工编号	职工孩子姓名
20001	王斌
20001	王帅
20002	张峰

表 2-30　职工选课表

职工编号	职工选修课程
20001	心理学
20002	心理学
20002	教育学

从表 2-29 和表 2-30 可以看出，在分解后两个表中均不存在多对多关系，即不存在非平凡且非函数依赖的多值依赖，满足 4NF。

6)第五范式(5NF)

第五范式是最终范式，如果关系模式 R 中的每一个连接依赖均由 R 的候选码所隐含，则称此关系模式符合第五范式。

在表 2-31 中，满足属性不可分，即满足 1NF；满足所有非主属性完全依赖于主关键字(供应者号，项目号)，即满足 2NF；不存在传递依赖，即满足 3NF；不存在主属性对于码的部分函数依赖与传递函数依赖，即满足 BCNF；表 2-31 中不存在多对多关系，即函数依赖不存在非平凡且非函数依赖的多值依赖，即满足 4NF；因为它仅有的候选码肯定不是它的三个投影自然连接的公共属性，不符合 5NF 要求。

表 2-31　零件供应表

供应者号	零件号	项目号
202001	201905	2012
202002	201807	2008
202003	201805	2005
202004	202001	2010

由上述介绍，我们可以得出关于关系模式规范化的基本步骤，如图 2-8 所示。

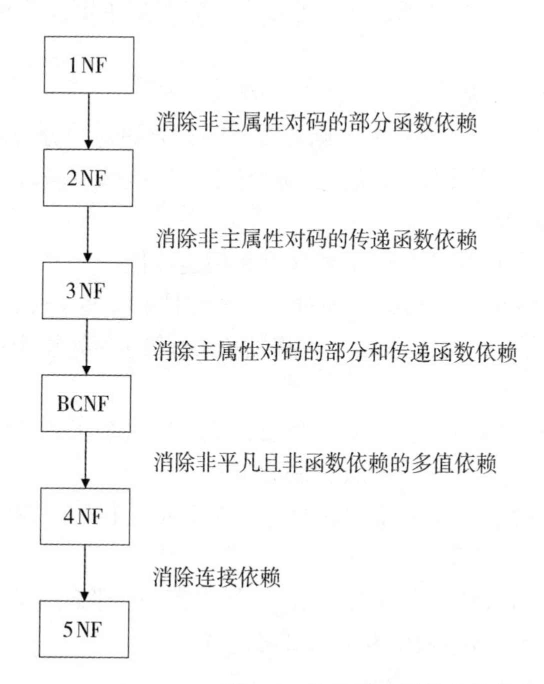

图 2-8　关系模式规范化的基本步骤

2. 模式分解

1)模式分解概念

模式分解(Schema Decomposition)是把低一级的关系模式通过投影分解为若干个高一级的关系模式。模式分解的方法并不是唯一的，只有保证分解后的关系模式与原关系模式等价的分解方法才是有意义的。从不同的角度来看，对于等价的定义也有不同的定义，我们常说的等价主要有三种定义：

(1)具有无损连接性(Lossless Join);

(2)保持函数依赖(Preserve Functional Dependency);

(3)既要保持函数依赖，又要具有无损连接性。

这三个定义是实行分解的三条不同准则。按照不同的分解准则，模式可以达到不同的分离程度，前面所介绍的范式便是对分离程度的一个测度。以下说明不同模式分解要求可以达到何种标准的范式。

(1)若要求分解具有无损连接性，那么模式分解一定能够达到4NF。

(2)若要求分解保持函数依赖，那么模式分解一定能够达到3NF，但不一定能够达到BCNF。

(3)若要求分解既具有无损连接性，又保持函数依赖，则模式分解一定能够达到3NF，但不一定能够达到BCNF。

2)无损连接性和保持函数依赖

(1)无损连接性(Lossless Join)。

无损连接性是模式分解中一个重要的准则，无损连接性可以有如下定义：对于关系模式 $R\langle U, F\rangle$ 的一个分解

$$\rho = \{R\langle U_1, F_1\rangle, R\langle U_2, F_2\rangle, \cdots, R\langle U_n, F_n\rangle\}$$

若R与R_1，R_2，…，R_n自然连接的结果相等，则称关系模式R的这个分解ρ具有无损连接性。具有无损连接性的分解可以保证不丢失信息，但是不一定能解决插入异常、删除异常、修改复杂、数据冗余等问题。

通过下面的一系列步骤，可以判断模式分解是否具有无损连接性。

①构造记录表。构造一张k行n列的表格，每列对应一个属性$A_j(1 \leq j \leq n)$，每行对应一个模式$R_i(1 \leq i \leq n)$。如果A_j在R_i中，那么在表格的第i行第j列处填上符号a_j，否则填上符号b_{ij}。

②修改记录表。把表格看成模式R的一个关系，反复检查F中每个函数依赖在表格中是否成立，若不成立，则修改表格中的元素。修改方法如下。

对于F中一个函数依赖：$X \to Y$，如果表格中有两行在X分量上相等，在Y分量上不相等，那么把这两行在Y分量上改成相等。

如果Y的分量中有一个是a_j，那么另一个也改成a_j；如果没有a_j，那么用其中的一个b_{ij}替换另一个(尽量把ij改成较小的数，亦即取i值较小的那个)。

③ 判断是否具有无损连接性。

若在修改的过程中，发现表格中有一行为a_1，a_2，…，a_n，那么可立即断定ρ相对于F是无损连接分解，此时不必再继续修改。若经过多次修改直到表格不能修改之后，发现表格中不存在有一行全是a的情况，那么分解就是有损的。

需要注意的是，本步骤可能会有循环反复修改的过程，因为一次修改之后的表格可能需要继续修改。

例如，在学生表(学号，方向，导师)中，当将依赖关系$F = \{$学号$\to$方向，方向$\to$导师，学号$\to$导师$\}$分解为学号导师表(学号，导师)、方向导师表(方向，导师)时，如表2-32所示，没有一行全为a，故这种分解不能保持无损连接。

表 2-32 无损连接性分析表一

	学号	方向	导师
学号导师表	a_1	b_{12}	a_3
方向导师表	b_{21}	a_2	a_3

而在分解为学号方向表(学号，方向)，方向导师表(方向，导师)时，如表 2-33 所示，第一行全为 a，故能保持无损连接。

表 2-33 无损连接性分析表二

	学号	方向	导师
学号方向表	a_1	a_2	a_3
方向导师表	b_{11}	a_2	a_3

(2) 保持函数依赖(Preserve Functional Dependency)。

设关系模式 $R\langle U, F\rangle$ 被分解为若干个关系模式$R_1\langle U_1, F_1\rangle$，$R_2\langle U_2, F_2\rangle$，…，$R_n\langle U_n, F_n\rangle$（其中$U=U_1\cup U_2\cup\cdots\cup U_n$，且不存在$U_i\subseteq U_j$，$F_i$为 F 在U_i上的投影)，若 F 逻辑蕴含的函数依赖一定也由分解得到的某个关系模式中的函数依赖F_i逻辑蕴含，则称关系模式 R 的这个分解保持函数依赖。

例如，将学生表分解为方向表(学号，方向)，方向导师表(方向，导师)时就保持了函数依赖。如果一个分解保持了函数依赖，则它可以减轻或解决各种异常情况。

分解具有无损连接性和分解保持函数依赖是两个互相独立的标准。具有无损连接性的分解不一定能够保持函数依赖。同样，保持函数依赖的分解也不一定具有无损连接性。

2.4 本 章 小 结

本章主要介绍数据库的一些基础概念以及数据库的规范化理论。

第一节介绍了三种常用的数据模型：层次模型、网状模型和关系模型。由于关系模型仍是当前的主流模型，并且也是较为经典的模型，在第一节中对其进行了重点介绍。读者通过本节的学习应理解关系以及其他附属基础概念的含义，能够掌握关系模型中的数据操作与完整性约束条件。

第二节详细讲述了关系数据库的相关知识，关系数据库基础是关系模型的延伸。读者应正确理解关系数据库的数据结构，并能够掌握关系数据库中的一些基本操作。

第三节中，首先介绍了函数依赖和多值依赖两种关系依赖；然后，结合多个示例介绍范式和模式分解的概念，以文字介绍与实例结合的方式辅助读者理解这些概念。通过本节的学习，读者应掌握如何通过模式的分解提高数据库的范式等级。

关系数据库是目前最为经典和主流的数据库类型，通过本章的介绍，读者应对关系数据库有透彻的掌握和理解。而规范化是数据库设计过程中的重要一环，范式越高的数据库的冗余就越小，掌握规范化理论也是数据库学习的重要基础。

第 3 章　SQL 语言

3.1　SQL 分类

结构化查询语言(Structured Query Language，SQL)是专门用来与数据库通信的语言，它用于存放数据，并对数据库系统进行查询、更新和管理等操作，同时它也是数据库脚本文件的扩展名。

SQL 主要有三个特点：综合统一、高度非过程化以及面向集合的操作方式。由于 SQL 集 DDL、DML、DCL 功能于一体，且操作符统一，因此它成为一门易于入门但功能强大的语言。用户只需通过 SQL 向计算机提出动作指令，减轻了使用负担并提高了数据独立性。

结构化查询语言是高级的非过程化编程语言，允许用户在高层数据结构上工作。它不要求用户指定对数据的存放方法，也不需要用户了解具体的数据存放方式，所以具有完全不同底层结构的不同数据库系统，可以使用相同的结构化查询语言作为数据输入与管理的接口。SQL 语句可以嵌套，这使它具有极大的灵活性和强大的功能。

SQL 包括 6 部分：

(1)数据定义语言(Data Definition Language，DDL)；

(2)数据操作语言(Data Manipulation Language，DML)；

(3)数据控制语言(Data Control Language，DCL)；

(4)数据查询语言(Data Query Language，DQL)；

(5)事务控制语言(Transaction Control Language，TCL)；

(6)指针控制语言(Cursor Control Language，CCL)。

对于开发人员、数据库管理员和数据库运维人员来说，常把 SQL 分为 3 大类：数据定义语言、数据操作语言和数据控制语言。

3.1.1　DDL

数据定义语言(DDL)是 SQL 语言集中负责数据结构定义与数据库对象定义的语言，由 CREATE、ALTER 与 DROP 三个语法所组成，它最早是由 CODASYL(Conference on Data Systems Languages)数据模型开始，现在被纳入 SQL 指令中作为其中一个子集，其语句可在数据库中创建新表(CREATE TABLE)或为表加入索引(CREATE INDEX)等。DDL 拥有许多与获得数据有关的保留字，且 DDL 也可以算是动作查询的一部分，以下为常用操作。

(1)CREATE：增库、表、索引及用户，不会修改表内容。

(2)ALTER：修改表内容。

(3)DROP：删库、表、索引及用户，不会修改表内容。

SQL中不支持修改模式定义、视图定义和索引定义的操作，如果在进行数据库创建或管理的过程中想修改这些对象，只能先将原先的删除，再重新建立。

数据库的基本对象是表、视图和索引，因此数据定义包括这些对象的定义(表3-1)。

表3-1　SQL的数据定义语句

操作对象	操作方式		
	创建	删除	修改
模式	CREATE SCHEMA	DROP SCHEMA	ALTER SCHEMA
表	CREATE TABLE	DROP TABLE	ALTER TABLE
视图	CREATE VIEW	DROP VIEW	
索引	CREATE INDEX	DROP INDEX	

3.1.2　DML

数据操作语言(DML)是SQL语言中负责对数据库对象运行数据访问工作的指令集，用户通过它可以实现对数据库的基本操作。基本操作主要指对数据库的增加、删除、修改和查询这四项基本功能，也就是指数据库操作的主要功能用于添加、删除、更新和查询数据库记录，并检查和保证数据的完整性，常用操作如下。

(1)INSERT：增加数据。

(2)DELETE：删除数据。

(3)UPDATE：更新表数据。

(4)SELECT：查询操作。

3.1.3　DCL

数据控制语言(DCL)在SQL语言中是一种对数据访问权进行控制的指令，用于控制不同数据段的许可和访问级别，它由GRANT和REVOKE两个主要指令组成。DCL语句定义了数据库、表、字段、用户的访问权限和安全级别，以便控制用户的访问权限，常用指令如下。

(1)GRANT：用户授权。

(2)REVOKE：权限回收。

3.1.4　DQL

数据查询语言(DQL)在所有SQL中使用最频繁，它的作用是依照对数据库查询的需求灵活组织SQL语句，获取相应数据，并可以考虑数据查询的性质，进行查询优化，加快查询速度。DQL常用操作如下。

(1)SELECT：查询操作。

(2)DISTINCT：去除重复记录。

(3)ORDER BY：指定属性排序。

(4)GROUP BY：分组统计。

(5)计数函数(总数 COUNT，平均 AVG，总和 SUM，最大值 MAX，最小值 MIN)：用于计算表中指定数值。

(6)LIMIT：限定返回的记录数。

3.1.5 TCL

事务控制语言(TCL)主要运用于事务处理。事务(Transaction)是数据库的最小执行单元，是指作为整个逻辑工作单元需要执行的一系列操作，这一系列操作只有完全执行或完全不执行两个状态。一个完整的事务是批量的 DML 语句共同联合完成的，事务处理可以保证这些批量的 MySQL 操作整体执行，或者完全不执行，使之成为一个不可分割的工作单位，用来维护数据库完整性。

例如，对某数据库进行两次数据更新操作(即执行两条 DML 语句)时，当第一条 DML 语句执行成功后，并不会修改底层数据库中相应的数据，而只是将该操作记录在内存中。当第二条 DML 语句执行成功后，才会在底层数据库执行上述两个更新操作；而如果第二条 DML 语句执行失败，便会将上述两条更新操作的历史记录全部删除。另外，回退(ROLLBACK)的操作可让数据恢复到操作前的状态。TCL 常用操作如下。

(1)COMMIT：将未存储的 SQL 语句执行结果提交，并写回到磁盘中的物理数据库中。

(2)ROLLBACK：撤销指定 SQL 语句的过程。

3.1.6 CCL

指针控制语言(CCL)规定了 SQL 语句在宿主语言程序中的使用规则，主要用于对一个或多个表单独行的操作。CCL 常用操作如下。

(1)DECLARE CURSOR：声明游标。

(2)FETCH INTO：进入。

(3)UPDATE WHERE CURRENT：更新当前位置。

3.2 基础 SQL

3.2.1 定义数据库

1. 创建定义模式

定义数据库的模式实际上是库中定义了一个命名空间，定义语法如下：

CREATE SCHEMA <模式名> AUTHORIZATION <用户名>;

例如，为用户 YU 创建学生-课程模式 S-T，其 SQL 语句如下：

```
CREATE SCHEMA S-T AUTHORIZATION YU;
```

接着，命名的空间可以进一步定义该模式包含的数据库对象，如基本表、视图、索引等，定义语法如下：

```
CREATE SCHEMA <模式名> AUTHORIZATION <用户名>
    [ <表定义子句> | <视图定义子句> | <授权定义子句> ] ;
```

例如，为用户 YU 创建一个学生-课程模式 S-T，并在其中定义表 Student：

```
CREATE SCHEMA S-T AUTHORIZATION YU
    CREATE TABLE Student(
    Sno VARCHAR(10),Sname VARCHAR(20),Sgender VARCHAR(2),
    Sage SAMLLINT,Sdept VARCHAR(20)
    );
```

在创建模式过程中，AUTHORIZATION 后面的用户名指将拥有该模式的用户。以后，此数据库模式若要调用，用户必须拥有 DBA 权限，或者获得了 DBA 授予的 CREATE SCHEMA 权限。

2. 删除定义模式

删除定义模式语法如下：

```
DROP SCHEMA <模式名> <CASCADE | RESTRICT>;
```

在上述语句中：

(1) CASCADE(联级)：在删除模式的同时，把该模式中所有的数据库对象全部一起删除，包含基本表、视图、索引等。

(2) RESTRICT(限制)：表示如果该模式中已经定义了下属的数据库对象，则拒绝该删除语句的执行。

例如，删除模式 S-T，利用 CASCADE 同时删除该模式中已经定义的表 Student：

```
DROP SCHEMA S-T CASCADE;
```

3.2.2　创建和操作表

1. 创建数据表

在 SQL 中，创建数据表使用 CREATE TABLE，语法如下：

```
CREATE TABLE  <表名>
    ( <列名> <数据类型>[ <列级完整性约束条件> ],
    <列名> <数据类型>[ <列级完整性约束条件> ],
    …,
    [ <表级完整性约束条件>]) ;
```

在上述语句中：

(1) <表名>：定义基本表的名字。

(2) <列名>：组成该表的各种属性(列)。

(3) <数据类型>：该属性列的数据种类。

(4) <列级完整性约束条件>：涉及相应属列的完整性约束条件。

(5) <表级完整性约束条件>：涉及一个或多个属性列的完整性约束条件，常用的完整性约束有如下 4 种：

①主码约束，PRIMARY KEY；

②唯一性约束，UNIQUE；

③非空值约束，NOT NULL；

④参照完整性约束，FOREIGN KEY <列名> REFERENCES <被参照列名>。

例如，我们建立一个“学生选课表”，表名为 T_Score，它由 Sno(学号)、Cno(课程号)，Grade(选课成绩)组成，其中(Sno，Cno)为 T_Score 的主码，且 Sno 和 Cno 也是外码，分别参照 T_Student 表和 T_Course 表，其 SQL 语句如下：

```
CREATE TABLE  T_Score(
    Sno CHAR(9),   Cno CHAR(4), Grade  SMALLINT,
    PRIMARY KEY(Sno, Cno),
    FOREIGN KEY(Sno) REFERENCES T_Student(Sno),
    FOREIGN KEY(Cno) REFERENCES T_Course(Cno)
    );
```

UNIQUE 与 PRIMARY KEY 的差别可以从这两个保留字的特点来理解。在 UNIQUE 约束的字段中不能含有重复值，并且一个或多个字段都可以定义 UNIQUE 约束，因此，UNIQUE 除了可以在字段级定义之外，也可以在表级定义，特别地，UNIQUE 可允许空值，PRIMARY KEY 即为表的主键，不可为空值，也不可重复，且在一个表里可以定义联合主键。若结合两语法的特点来看，PRIMARY KEY 可以说是 UNIQUE 与 NOT NULL 两功能的总和。

利用 SQL 语句定义表的属性时，需要为表中的每一个字段设置一个数据类型，用以指定字段存放的数据是整数、字符串、货币或是其他类型的数据。不同的 DBMS 的数据类型在形式上存在差异，具体差异可以参考联机帮助文档。常用的数据类型如表 3-2 所示。

表 3-2　常用数据类型(以 MySQL 为例)

数据类型	含　义
CHAR(n)，CHARACTER(n)	长度为 *n* 的定长字符串
VARCHAR(n)，CHARACTERVARYING(n)	最大长度为 *n* 的变长字符串
CLOB	字符串大对象
BLOB	二进制大对象
INT，INTEGER	长整数(4 字节)
SMALLINT	短整数(2 字节)
BIGINT	大整数(8 字节)
NUMERIC	定点数，由 *p* 位数字(不包括符号、小数点)组成，小数点后有 *d* 位数字
DECIMAL(p，d)，DEC(p，d)	同 NUMERIC

续表

数据类型	含　义
REAL	取决于机器精度的单精度浮点数
DOUBLE PRECISION	取决于机器精度的双精度浮点数
FLOAT(n)	可选精度的浮点数，精度至少为 n 位数字
BOOLEAN	逻辑布尔量
DATE	日期，包含年、月、日，格式为 YYYY-MM-DD
TIME	时间，包含一日的时、分、秒，格式为 HH：MM：SS
TIMESTAMP	时间戳类型
INTERVAL	时间间隔类型

2. 修改表数据

可使用 ALTER TABLE 语句来更新表定义，但理想状态下，当表数据已经进行存储后，该表就不应该被更新。这是因为在表的结构设计过程已耗费大量时间与精力去完备关系数据库表与表间的组织，若后期对表再有更新，可能影响整体关系数据库结构，因此不建议对表进行较大改动。

若要修改表数据，SQL 语法如下：

```
ALTER TABLE <表名>
    [ADD<新列名> <数据类型>[完整性约束名]]
    [DROP <完整性约束名> ]
    [MODIFY <列名> <数据类型> ];
```

在上述语句中：

(1)<表名>：欲修改的基本表名称。

(2)ADD 子句：增加新列和新列的完整性约束条件。

(3)DROP 子句：删除指定的完整性约束条件。

(4)MODIFY 子句：用于修改列名和其数据类型。

例如，在 T_Score 表中增加“Term(学期)”列，其 SQL 语句如下：

```
ALTER TABLE T_Score
ADD Term INT;
```

务必小心使用 ALTER TABLE，若要进行改动，应首先完成模式与数据的备份。数据库表的变更是无法撤销的，若增加了不需要的列，可能无法删除且恢复原数据的组织。类似地，删除列数据也要小心操作，避免丢失表中的列数据。

3. 删除基本表

执行删除基本表语句 DROP TABLE，将永久从数据库中删去该表，需要谨慎操作。其语法如下：

```
DROP TABLE <表名> [ RESTRICT | CASCADE ];
```

在上述语句中：

(1)CASCADE(联级)：在删除模式的同时，把该模式中所有的数据库对象全部一起删除，包含基本表、视图、索引等。

(2)RESTRICT(限制)：表示如果该模式中已经定义了下属的数据库对象，则拒绝该删除语句的执行。

例如，删除 T_Score 表，SQL 语句如下：

```
Drop T_Score Cascade;
```

3.2.3 索引的创建与删除

数据库管理系统有两种扫描方法：一种是按表扫描，另一种是按索引扫描。利用索引可以提高数据库查询的效率。但索引并非是必要的，当进行的搜索范围较大时，可以考虑采用适当的索引来加快查询速度。

1. 创建索引

建立索引的语法如下：

```
CREATE [UNIQUE] [CLUSTER] INDEX <索引名>
    ON <表名>
    ( <列名> [<次序>] [, <列名>[<次序>] ]… );
```

在上述语句中：

(1)<表名>：欲建立索引的指定基本表名。

(2)索引可以建立在该表的一列或多列上，各列名之间用逗号分隔。

(3)<次序>：用以指定索引值的排列次序。升序，ASC；降序，DESC。

(4)UNIQUE：表明此索引的每一个索引值只对应唯一的数据记录。

(5)CLUSTER：表示要建立的索引是聚簇索引，要求表中行的物理顺序与键值的逻辑(索引)顺序相同。

例如，在学生表 STUDENT 基础之上，以学生编号 S_ID 降序排列，建立名为 StudentIndex 的索引，其 SQL 语句如下：

```
CREATE INDEX StudentIndex
ON STUDENT(S_ID DESC);
```

2. 删除索引

在数据库实际使用索引的场景中，维护索引的代价如果过高，将导致系统性能的降低，此时就应当删除索引，以利于提高数据库效能。删除索引的语法如下：

```
DROP INDEX <索引名>;
```

例如，删除 StudentIndex 的索引的 SQL 语句如下：

```
DROP INDEX StudentIndex;
```

3.2.4 数据查询

数据查询是数据库最核心的操作，一般分为单表查询、连接查询、嵌套查询和集合查询 4 种查询方式，其中前三种是在实践场景中最常用的查询方式。

SQL 提供 SELECT 语句进行数据查询，它的一般格式为：

```
SELECT [ ALL | DISTINCT ] <目标列表达式> [，<目标列表达式>] …
FROM <表名或视图名> [，<表名或视图名> ] …
[ WHERE <条件表达式> ]
[ GROUP BY <列名 1> [ HAVING <条件表达式> ] ]
[ ORDER BY <列名 2> [ ASC | DESC ] ]；
```

上述 SELECT 语句的含义是，根据 WHERE 子句的条件表达式从 FROM 子句指定的基本表、视图或派生表中找出满足条件的元组，再按 SELECT 子句中的目标列表达式选出元组中的属性值形成结果表。

若有 GROUP BY 子句，则将结果按<列名 1>的值进行分组，该属性列的值相等的元组为一个组。通常会在每组中作用聚集函数。如果 GROUP BY 子句带 HAVING 短语，则只有满足指定条件的组才予以输出。

若有 ORDER BY 子句，则结果还要按<列名 2>的值的升序或降序排序。

SELECT 语句既可以完成简单的单表查询，也可以完成复杂的连接查询和嵌套查询。查询语句具有非常灵活且不唯一的使用方式，丰富的数据库功能也是通过语句来实现的。读者可以在学习数据查询过程中，自行建立简单数据库同步操作学习。

1. 单表查询

单表查询是最简单的查询方式，整个查询过程中只涉及一个表。

1)查询表中若干列

查询表中某一或某些列时，可通过在 SELECT 子句的<目标列表示式>中指定要查询的属性列。

例如，在学生表(<u>学号</u>，姓名，性别，年龄)中查询全体学生学号与姓名，其 SQL 语句如下：

```
SELECT 学号,姓名
FROM 学生表;
```

(1)查询全部列。

查询表内所有列，有两种方式，第一种为 SELECT 后面列出所有列的列名，第二种为将<目标列表达式>指定为“ * ”。

例如，在学生表(学号，姓名，性别，年龄)中查询全体学生的详细记录，其 SQL 语句如下。

- 查询方式一

```
SELECT 学号,姓名,性别,年龄
FROM 学生表;
```

- 查询方式二

```
SELECT  *
FROM 学生表;
```

(2)查询经计算的值。

SELECT 子句的<目标列表达式>带入表达式可以进行数据计算，表达式的类型有算术表达式、字符串常量、函数、列别名等。

例如，在学生表(学号，姓名，性别，年龄)中查询学生的姓名、出生年份，其 SQL 语句如下：

```
SELECT 姓名,2020-年龄
FROM 学生表;
```

2)查询表中若干元组

(1)取消取值重复的行。

两个本来并不完全相同的元组，投影到指定的某些列上后，可能变成相同的行，可以用 DISTINCT 取出不重复的行。

例如，选课表(学号，课程号，成绩)中，查询选课学生的学号，SQL 语句如下：

```
SELECT DISTINCT 学号
FROM 选课表;
```

一位学生可以选修多门课程，若投影“学号”这一列，某一学生修习几门课，其同一学号就会重复出现多次，但同该位学生的学号是相同的，因此，可以使用 DISTINCT 将重复的学号取消，显示出一位学生对应的一个学号。

(2)选择满足条件的元组。

在进行查询时使用 WHERE 语句进行查询条件的限制，WHERE 语句的使用通常有以下 6 个方面。

①比较大小：在 WHERE 子句的<比较条件>中，可以使用比较运算符(=、>、<、>=、<=、! =、! <、! >、<>)实现大小的比较。

例如，在学生表(学号，姓名，性别，年龄)中查询年龄大于 18 岁的学生学号和姓名，其 SQL 语句如下：

```
SELECT 学号,姓名
FROM 学生表
WHERE 年龄 > 18;
```

②确定范围：在 WHERE 子句中使用谓词 BETWEEN <范围下限> AND <范围上限>或 NOT BETWEEN <范围下限> AND <范围上限>，实现范围的确定。

例如，在学生表(学号，姓名，性别，年龄)中查询年龄在 18~20 岁的学生的姓名和性别，其 SQL 语句如下：

```
SELECT 姓名,性别
FROM 学生表
WHERE 年龄 BETWEEN 18 AND 20;
```

③确定集合：在 WHERE 子句中使用谓词 IN <值表>、NOT IN <值表>确定集合，其中<值表>中枚举出查找的属性值，以逗号分隔。

例如，在学生表(学号，姓名，性别，年龄，专业)中查询摄影测量系与地理信息系统系的学生的学号与姓名，其 SQL 语句如下：

```
SELECT 学号,姓名
```

```
FROM 学生表
WHERE 专业 IN ('摄影测量','地理信息系统');
```

④字符串匹配：在 WHERE 子句中使用[NOT] LIKE '<匹配串>' [ESCAPE ' <换码字符>']，进行字符串的匹配。其中，<匹配串>是可以填入指定固定字符串或含通配符的字符串。下面将简单介绍字符串匹配中的三种情况。

a. <匹配串>为固定字符串，如查找姓名与“张三”完全相同的元组，使用“=”运算符与 LIKE 谓词时的查询结果是一样的，反之，用“！=”或“< >”运算符取代 NOT LIKE 谓词也相同，查找属性须与固定字符串完全相同才可以被查询出来。

例如，在学生表(学号，姓名，性别，年龄，专业)中查询学号为 20200301 的学生所有信息，其 SQL 语句如下：

```
SELECT *
FROM 学生表
WHERE 学号 LIKE '20200301';
```

或

```
SELECT *
FROM 学生表
WHERE 学号 = '20200301';
```

b. <匹配串>为含通配符的字符串时，只能使用 LIKE 或 NOT LIKE 语句，其中通配符包括“%”(百分号)与“_”(下横线)两种。

“%”(百分号)：表示任意长度(长度可以为 0)的字符串。

“_”(下横线)：代表任意单个字符。

例如，在学生表(学号，姓名，性别，年龄，专业)中查询姓“张简”，且名字为三个汉字的学生的姓名、学号，其 SQL 语句如下：

```
SELECT 学号,姓名,
FROM 学生表
WHERE 姓名 LIKE '张简__';
```

数据库中使用汉字需要特别注意，若数据库字符集为 ASCII 时，一个汉字为两个字符，也就是一个汉字需两个下横线“_ _”；若字符集为 GBK 时，一个汉字仅需一个下横线“_”。

c. <匹配串>为含有“%”或“_”的字符串时，要使用 ESCAPE'<换码字符>' 短语对通配符进行转义。

例如，在课程表(课程号，课程名称，教师姓名)中查询以“_双语”为结尾的课程号，其 SQL 语句如下：

```
SELECT 课程号
FROM 课程表
WHERE 课程名称 LIKE '%\_双语' ESCAPE '\';
```

在“_”前面有换码字符“\”，所以该下横线被转为普通的“_”字符。

⑤涉及空值的查询：在 WHERE 子句中使用谓词 IS NULL 或 IS NOT NULL。但语法上

IS 不能用“=”(等号)代替。

例如，在成绩表(学号，课程号，成绩)中查询没有成绩的学号与课程号，其 SQL 语句如下：

```
SELECT 学号,课程号
FROM 成绩表
WHERE 成绩 IS NULL;
```

⑥多重条件查询：在 WHERE 子句中用逻辑运算符 AND 和 OR 来联结多个查询条件，逻辑运算符中 AND 的优先级高于 OR 且可用括号改变优先级，通过多重条件查询可以确定查询范围与集合。

例如，在学生表(学号，姓名，性别，年龄)中查询年龄在 18~20 岁的学生的姓名和性别，除了使用“WHERE 年龄 BETWEEN 18 AND 20”，也可以用多重条件查询，其 SQL 语句如下：

```
SELECT 姓名,性别
FROM 学生表
WHERE 年龄 > 18 AND 年龄 < 20 ;
```

3)聚集函数

查询操作过程中，时常需要获取某列的最大值、平均值、总和等，而这样的汇总数据的操作并不需要将其实际检索出来，此时可以使用 SQL 提供的聚集函数(Aggregate Functions)以方便分析和生成报表。下面介绍 SQL 中的 5 种聚集函数及各自相应的用法。

(1)计数 COUNT()。

①统计元组总个数：COUNT([DISTINCT | ALL] *)。

②针对某列统计总个数：COUNT([DISTINCT | ALL] <列名>)。

(2)总和 SUM()。

某列属性总和：SUM([DISTINCT | ALL] <列名>)。

(3)平均值 AVG()。

某列属性平均值：AVG([DISTINCT | ALL] <列名>)。

(4)最大值 MAX()与最小值 MIN()。

①某列属性的最大值：MAX([DISTINCT | ALL] <列名>)。

②某列属性的最小值：MIN([DISTINCT | ALL] <列名>)。

例如，在学生表(学号，姓名，性别，年龄)中，查询学生总人数，其 SQL 语句如下：

```
SELECT COUNT( * )
FROM 学生表;
```

在同一学生表中，查询所有女学生的平均年龄，其 SQL 语句如下：

```
SELECT AVG(年龄)
FROM 学生表
WHERE 性别 = '女';
```

4)查询结果排序

若想对查询结果的一个或某几个属性列进行排序，可以通过 ORDER BY 子句实现，其中升序为 ASC，降序为 DESC，缺省值时默认为升序。当排序列中含空值时，升序 ASC 中空值的元组最后显示，降序 DESC 中空值的元组最先显示。

例如，在学生表(学号，姓名，性别，年龄，专业)中查询学生的所有信息，按学号升序，按年龄降序，其 SQL 语句如下：

```
SELECT *
FROM 学生表
ORDER BY 学号 ASC,年龄 DESC;
```

5)查询结果分组

在数据查询过程中，可以使用 GROUP BY 子句按某一列或多列的值分组，主要目的为细化聚集函数的作用对象。例如，在全校学生的成绩表中以班级为单位分组，查询每班的成绩平均值。

若未对查询结果分组，聚集函数将作用于整个查询结果；对查询结果分组后，聚集函数将分别作用于每个组，可以在一定程度上提高查询效率。

使用 GROUP BY 语句需要注意以下 4 个方面。

(1)GROUP BY 子句的作用对象是查询的中间结果表。

(2)分组方法按指定的一列或多列值分组，相等值为一组。

(3)使用 GROUP BY 子句后，SELECT 子句的列名列表中只能出现分组属性和聚集函数。

(4)可以使用 HAVING 短语筛选输出结果。

例如，在成绩表(学号，课程号，成绩)中查询有 2 门以上课程是 80 分以下的学生的学号及(80 分以下的)课程数，其 SQL 语句如下：

```
SELECT 学号,COUNT(*)AS 课程数
FROM 成绩表
WHERE 成绩 <= 80
GROUP BY 学号
HAVING COUNT(*)>= 2;
```

2. 连接查询

在关系数据库中，数据查询经常涉及多个表，称为连接查询，用以连接两个表的条件称为连接条件或连接谓词。连接条件可能为比较运算符：“=”“>”“<”“>=”“<=”“! =”，连接谓词可能为 BETWEEN...AND...,ALL，ANY，IN 等。

连接查询有包括广义笛卡儿积、等值与非等值连接、自身连接、外连接、复合条件连接，下面依序介绍这几种连接查询。

1)广义笛卡儿积

广义笛卡儿积，即不带谓词的连接。例如，查询学生表与成绩表所有信息，其 SQL 语句如下：

```
SELECT 学生表.*,成绩表.*
FROM 学生表,成绩表;
```

2)等值与非等值连接

利用 WHERE 子句中的连接条件或连接谓词进行连接，当运算符为“=”(等号)时，

称为等值连接，其他运算符连接都属于非等值连接。

下面以学生表(学号，姓名，性别，年龄，专业)和成绩表(学号，课程号，成绩)两个基本表为例，分别讲解等值连接、自然连接及非等值连接。

(1)等值连接：是连接运算符为等号“=”的连接操作，即

[<表名 1>.]<列名 1>=[<表名 2>.]<列名 2>

若任何子句中引用不同表的同名属性时，都必须加表名前缀；引用唯一属性名时，可以加表名前缀，也可以省略。

例如，查询每个学生及其成绩情况，其 SQL 语句如下：

```
SELECT 学生表.*,成绩表.*
FROM 学生表,成绩表
WHERE 学生表.学号=成绩表.学号;
```

此时，查询结果为学生表的学号、姓名、性别、年龄、专业，和成绩表的学号、课程号、成绩信息，共八列；观察查询结果可以发现，两表连接后所查出“学生表.学号”与“成绩表.学号”完全相同，但相同结果分为两列列出。

(2)自然连接：是等值连接的一种特殊情况，相比于等值连接，可以把目标列中重复的属性列去掉。

若使用自然连接改写上例，其 SQL 语句如下：

```
SELECT 学生表.学号,姓名,性别,年龄,专业,课程号,成绩
FROM 学生表,成绩表
WHERE 学生表.学号=成绩表.学号;
```

此时，自然连接的查询结果有别于等值连接中将两表的所有信息都查询出来，自然连接仅显示一列学号。

(3)非等值连接：只要连接条件的连接运算符不是“=”(等号)或使用连接谓词的连接操作都称为非等值连接。

①利用比较运算符：“>”“<”“>=”“<=”“! =”

[<表名 1>.]<列名 1> <比较运算符> [<表名 2>.]<列名 2>

②利用连接谓词：

[<表名 1>.]<列名 1> BETWEEN [<表名 2>.]<列名 2> AND [<表名 2>.]<列名 3>

3)自身连接

自身连接是指需要将一张表与自身进行连接。在自身连接中需要给表起别名以示区别，由于所有属性名都是同名属性，因此必须使用别名前缀。在某些使用场景下，自身连接查询可以写为单表查询的形式，但有一些情况下则必须使用自身连接进行查询。

例如，在课程表(课程号，课程名称，先修课程号，学分)中，查询每一门课的间接先修课，其 SQL 语句如下：

```
SELECT A.课程号,B.先修课程号
FROM 课程表 A,课程表 B          /*需定两表别名*/
WHERE A.先修课程号 = B.课程号;
```

4) 外连接

外连接包括左外连接(LEFT OUT JOIN)、右外链接(RIGHT OUT JOIN)和全外连接(OUT JOIN)。数据库实践中，常用到左外连接与右外连接，即

<表名 1> LEFT/RIGHT OUT JOIN <表名 2> ON [连接条件]

左外连接是外连接符出现在连接条件的左边，右外连是接外连接符出现在连接条件的右边。外连接与普通连接的区别在于外连接操作以指定表为连接主体，将主体表中不满足连接条件的元组一并输出，而普通连接的操作仅输出满足连接条件的元组。

例如，在学生表(学号，姓名，性别，年龄，专业)和成绩表(学号，课程号，成绩)中，以外连接形式查询每个学生信息及其选课信息，其 SQL 语句如下：

```
SELECT 学生表．学号,姓名,性别,年龄,专业,课程号,成绩
FROM 学生表 LEFT OUT JOIN 成绩表
ON(学生表．学号 = 成绩表．学号);
```

此时，作为主表的学生表会把所有元组都列出，包含在成绩表为空值的元组。若该学生在成绩表为空值，则会以 NULL 方式显示。

5) 复合条件连接

当 WHERE 子句中含多个连接条件时，称为复合条件连接。

例如，在学生表(学号，姓名，性别，年龄，专业)和成绩表(学号，课程号，成绩)中，查询选修 1 号课程且成绩在 60 分以上的所有学生的学号、专业，其 SQL 语句如下：

```
SELECT 学生表．学号,学生表．专业
FROM 学生表,成绩表
WHERE 学生表．学号 = 成绩表．学号
AND 成绩表．课程号 = '1'
AND 成绩表．成绩 > 60;
```

3. 嵌套查询

在查询过程中，有时需要通过一层一层地满足查询条件，从而得到目标结果，称为嵌套查询。使用方法为将一个“SELECT…FROM…WHERE…”语句视为一个查询块，则将一个查询块嵌套在另一个查询块的 WHERE 子句或 HAVING 短语的条件中查询，将外层查询称作父查询，内层查询块称作子查询。

层层嵌套方式反映了 SQL 语言的结构化，有些嵌套查询可以以连接运算替代。需要注意，若在嵌套查询中使用 ORDER BY，由于 ORDER BY 仅能对最终查询结果做排序，因此子查询将不允许使用。

根据子查询的谓词的不同，嵌套查询有四种情况，下面依次进行介绍。

1) 带有 IN 谓词的子查询

例如，在学生表(学号，姓名，性别，年龄，专业)中查询与姓名为张萌同一专业的学生的学号和姓名，其 SQL 语句如下：

```
SELECT 学号,姓名
FROM 学生表
WHERE 专业 IN
```

```
    (SELECT 专业
    FROM 学生表
    WHERE 姓名 = '张萌');
```

本例也可以使用自身连接完成这个查询，其 SQL 语句如下：

```
SELECT A.学号,A.姓名
FROM 学生表 A,学生表 B
WHERE A.专业 = B.专业 AND B.姓名 = '张萌';
```

不相关子查询，即为子查询的查询条件不依赖于父查询，其方法是由里向外逐层处理，每个子查询在上一级查询处理之前运作，子查询的结果用于建立其父查询的查找条件。

例如，在学生表(学号，姓名，性别，年龄，专业)和成绩表(学号，课程号，成绩)中，查询选修了 1 号课程的学生的学号和姓名，其 SQL 语句如下：

```
SELECT 学生表.学号,姓名
FROM 学生表
WHERE 学生表.学号 IN
    (SELECT 学号
    FROM 成绩表
    WHERE 课程号 = '1');
```

先通过子查询，查出选修了 1 号课程的学生学号，再将学号作为父查询的条件，查出与学号相连的姓名。

2)带有比较运算符的子查询

父查询与子查询之间用比较运算符进行连接，则称为带有比较运算符的子查询，子查询返回单值时，运用比较运算符进行父查询。

比较运算符包括“>”“<”“=”“>=”“<=”“! =”或“< >”。

例如，在成绩表(学号，课程号，成绩)中查询每个学生超过其选修课程平均成绩的课程号，SQL 语句如下：

```
SELECT 学号,课程号
FROM 成绩表 A
WHERE 成绩 >=
    (SELECT AVG(成绩)
    FROM 成绩表 B
    WHERE A.学号 = B.学号);
```

相关子查询是子查询的查询条件依赖于父查询，因此必须反复求值。上例中子查询所要查找的为一位学生的平均成绩，至于查找哪一位学生，则要看成绩表 A. 学号的值，该值是与父查询相关。

3)带有 ANY 或 ALL 谓词的子查询

当子查询返回多值时，可以使用 ANY 或 ALL 谓词，ANY 表示任意一个值，ALL 表示所有值。使用 ANY 或 ALL 谓词时必须同时使用比较运算符。

ANY 和 ALL 谓词也可以用聚集函数实现，其对应关系如表 3-3 所示。

表 3-3　ANY、ALL 谓词与聚集函数的对应关系

	=	<>或! =	<	<=	>	>=
ANY	IN	--	<MAX	<=MIX	>MIN	>=MIN
ALL	--	NOT IN	<MIN	<=MIN	>MAX	>=MAX

使用聚集函数实现子查询的效率通常比直接用 ANY 或 ALL 查询高，因为前者进行比较的次数较少，较不耗时。

例如，在学生表(学号，姓名，性别，年龄，专业)中查询其他专业中比摄影测量系所有学生年龄都小的学生姓名及年龄，其 SQL 语句如下：

```
SELECT 姓名,年龄
FROM 学生表
WHERE 年龄 < ALL
    (SELECT 年龄 FROM 学生表 WHERE 专业 = '摄影测量')
    AND 专业 <> '摄影测量';
```

也可以使用聚集函数实现查询，其 SQL 语句如下：

```
SELECT 姓名,年龄
FROM 学生表
WHERE 年龄 <
    (SELECT MIN(年龄)FROM 学生表 WHERE 专业 = '摄影测量')
    AND 专业 <> '摄影测量';
```

4)带有 EXISTS 谓词的子查询

(1)EXISTS 谓词。

带有 EXISTS 谓词的子查询不返回任何数据，只产生逻辑真值 True 或逻辑假值 False。若内层查询结果非空，则返回真值；反之，若内层查询结果为空，则返回假值。

例如，在学生表(学号，姓名，性别，年龄，专业)和成绩表(学号，课程号，成绩)中查询所有选修了 1 号课程的学生姓名，其 SQL 语句如下：

```
SELECT 姓名
FROM 学生表
WHERE EXISTS
    (SELECT *
    FROM 成绩表
    WHERE 成绩表 . 学号 =学生表 . 学号
    AND 课程号 = '1');
```

(2)NOT EXISTS 谓词。

使用 NOT EXISTS 后，若内层查询结果为空，则外层的 WHERE 子句返回真值；反之，返回假值。这与 EXISTS 相反。

例如，在学生表(学号，姓名，性别，年龄，专业)和成绩表(学号，课程号，成绩)中查询没有选修 1 号课程的学生姓名，其 SQL 语句如下：

```
SELECT 姓名
FROM 学生表
WHERE NOT EXISTS
    (SELECT *
    FROM 成绩表
    WHERE 成绩表.学号=学生表.学号
    AND 课程号='1');
```

SQL 语言中没有全称量词(For All)，可以用 EXISTS/NOT EXISTS 实现全称量词，即把带有全称量词的谓词转换为等价的带有存在量词的谓词：

$$(\forall x)P \equiv \neg(\exists x)(\neg p)$$

例如，在学生表(学号，姓名，性别，年龄，专业)、成绩表(学号，课程号，成绩)和课程表(课程号，课程名称，先修课程号，学分)查询选修全部课程的学生中，没有哪一门课不选修的学生姓名，SQL 语句如下：

```
SELECT 姓名
FROM 学生表
WHERE NOT EXISTS(
    SELECT *
    FROM 课程表
    WHERE NOT EXISTS(
        SELECT *
        FROM 成绩表
        WHERE 成绩表.学号=学生表.学号
        AND 成绩表.课程号=课程表.课程号));
```

SQL 语言中没有逻辑蕴涵运算，可以用 EXISTS/NOT EXISTS 实现，利用谓词演算将逻辑蕴涵谓词等价转换为：

$$p \to q \equiv p \vee q$$

例如，在成绩表(学号，课程号，成绩)中查询至少选修了学号为 202001123 的学生选修的全部课程的学生学号，变换语义后为不存在这样的课程 y，学号为 202001123 的学生选修了 y，而学生 x 没有选，其 SQL 语句如下：

```
SELECT DISTINCT 学号
FROM 成绩表 A
WHERE NOT EXISTS(
    SELECT *
    FROM 成绩表 B
    WHERE 成绩表 B.学号 = '202001123'
```

```
    AND NOT EXISTS(
        SELECT *
        FROM 成绩表 C
        WHERE C. 学号 = A. 学号
        AND C. 课程号 = B. 课程号));
```

4. 集合查询

若需要把多个 SELECT 语句的结果合并为一个结果，可用集合操作来完成。集合操作主要包括并操作 UNION，交操作 INTERSECT 和差操作 EXCEPT。集合操作各查询结果的列数必须相同，对应项的数据类型也必须相同。

例如，在学生表(学号，姓名，性别，年龄，专业)查询地理信息系的学生及年龄不大于 19 岁的学生，其 SQL 语句如下：

```
SELECT *
FROM 学生表
WHERE 专业 = '地理信息'
UNION
SELECT *
FROM 学生表
WHERE 年龄 <= 19;
```

3.2.5　数据更新

数据更新包括数据插入、数据修改和删除数据三部分，下面依次介绍这三种操作。

1. 数据插入

数据插入包括插入单个元组和插入子查询结果两种操作方式。

1)插入单个元组

插入单个元组的 SQL 语句如下：

```
INSERT INTO <表名>[(<属性列 1>[, <属性列 2>] …)]
VALUES(<常量 1>[, <常量 2>] …);
```

(1)INTO 子句：

①指定插入数据的表名及属性列；

②属性的列顺序可与表定义中的顺序不一致；

③若没有指定属性列，表示要插入的是一条与表定义相同的完整元组，且属性列顺序与表定义中的顺序一致；

④仅指定部分属性列，插入的元组在其他未提及属性列上取空值。

(2)VALUES 子句：提供的值，其个数和类型必须与 INTO 子句指定的属性列相匹配。

例如，在成绩表(学号，课程号，成绩)插入一条记录，学号为 202004142，课程号为 12，其 SQL 语句如下：

```
INSERT INTO 成绩表(学号,课程号)
VALUES('202004142','12');
```

其中，新插入的数据在成绩列上取空值，表示还未获得分数。

2)插入子查询结果

将子查询结果插入指定表中，这样的做法可以实现批量插入，在实际数据更新场景中经常使用，其语法如下：

```
INSERT INTO <表名>[(<属性列 1>[, <属性列 2>] …)]
子查询;
```

例如，从学生表(学号，姓名，性别，年龄，专业)向年龄表(专业，平均年龄)中插入各专业的平均年龄，其 SQL 语句如下：

```
INSERT
INTO 年龄表(专业,平均年龄)
SELECT 专业,AVG(年龄)
FROM 学生表
GROUP BY 专业;
```

2. 数据修改

利用 UPDATE…SET…进行数据修改，可以以 WHERE 子句修改指定表中满足条件的元组。数据修改的语句格式为：

```
UPDATE  <表名>
SET  <列名>=<表达式>[, <列名>=<表达式>]…
[WHERE <条件>];
```

例如，在学生表(学号，姓名，性别，年龄，专业)中将学号为 202003214 的学生的专业改为“地理信息系统”，其 SQL 语句如下：

```
UPDATE 学号
SET 专业 = '地理信息系统'
WHERE 学号 = '202003214';
```

3. 数据删除

可以利用 WHERE 子句删除指定表中满足条件的元组，若 WHERE 子句为缺省值，则表示要删除表中的所有元组。数据删除的语句格式：

```
DELETE FROM <表名>
[WHERE <条件>];
```

例如，在学生表(学号，姓名，性别，年龄，专业)和成绩表(学号，课程号，成绩)中删除遥感仪器系所有学生的选课记录，其 SQL 语句为：

```
DELETE
FROM 成绩表
WHERE '遥感仪器'=
    (SELETE 专业
    FROM 学生表
    WHERE 学生表.学号=成绩表.学号);
```

3.2.6　视图

1. 视图的基本概念

视图是一个虚拟表，含一系列带有名称的列及数据，行列所伴随的所有元组来自定义视图的数据查询结果，并且在引用视图时动态生成，并不是本身就存在的。视图有以下 5 点作用。

(1)视图能简化用户操作。

(2)视图使用户能以多种角度看待同一数据。

(3)视图对重构数据库提供了一定程度的逻辑独立性。

(4)视图能够对机密数据提供安全保护。

(5)适当地利用视图可以更清晰地表达查询。

2. 定义视图

定义视图的语句格式为：

```
CREATE VIEW <视图名>  [(<列名>  [, <列名>]…)]
AS <子查询>
[WITH  CHECK  OPTION];
```

在定义视图时需要注意以下 3 点。

(1)子查询可以是任意复杂的 SELECT 语句，但通常不允许含有 ORDER BY 子句和 DISTINCT 短语。

(2)WITH CHECK OPTION 表示对视图进行 UPDATE，INSERT 和 DELETE 操作时要保证更新、插入或删除的行满足视图定义中的谓词条件。

(3)组成视图的属性列名：全部省略或全部指定。

①全部省略：由子查询中 SELECT 目标列中的列名组成。

②全部指定：某目标列是聚集函数或列表达式，或有同名列。

定义视图共有 5 种方法：行列子集视图、基于多个基本表的视图、基于视图的视图、带表达式的视图、分组视图。下面将分别介绍这 5 种定义视图方法。

1)行列子集视图

若一个视图是从单个基本表导出，并仅去掉了基本表的某些行和某些列，但保留了主码，此类视图称为行列子集视图。

例如，在学生表(学号，姓名，性别，年龄，专业)基础上建立地理信息系统系学生的视图，其 SQL 语句如下：

```
CREATE VIEW 学生_地信 AS
SELECT 学号,姓名,年龄
FROM 学生表
WHERE 专业 = '地理信息系统'
WITH CHECK OPTION;
```

2)基于多个基本表的视图

可以基于多个基本表建立视图。例如，在学生表(学号，姓名，性别，年龄，专业)

和成绩表(学号，课程号，成绩)的两表基础上，建立地理信息系统系选修了1号课程的视图，其SQL语句如下：

```
CREATE VIEW 地信_课程(学号,姓名,成绩)
AS
SELECT 学生表.学号,姓名,成绩
FROM 学生表,成绩表
WHERE 学生表.学号=成绩表.学号
AND 专业='地理信息系统'
AND 成绩表.课程号='1';
```

3)基于视图的视图

可以基于已有的视图建立新的视图。例如，在建立的地信_课程(学号，姓名，成绩)视图基础上，再建立地理信息系统系选修了1号课程且成绩在90分以上的学生的视图，其SQL语句如下：

```
CREATE VIEW 地信_课程_优秀
AS
SELECT 学号，姓名，成绩
FROM 地信_课程
WHERE 成绩 >= 90;
```

4)带表达式的视图

定义基本表时，为减少数据库冗余，表中仅存放基本数据，通过各种计算所派生出的数据一般不会进行存储，这种数据也称为派生数据。视图中的数据即为数据查询所生成的数据结果，这些数据并不会存储到数据库内部，根据数据库视图的实际应用，可以在视图中适度设置派生数据列，也称为虚拟列。

视图的属性列设置为表达式或是派生数据列，都称为带表达式的视图。但带表达式的视图必须明确定义组成视图的各个属性列名。

例如，在学生表(学号，姓名，性别，年龄，专业)基础上，建立一个反映学生出生年份的视图，其SQL语句如下：

```
CREATE VIEW 学生_出生年份(学号，姓名，出生年份)
AS
SELECT 学号，姓名，2020-年龄        /*2020-年龄为派生数据列*/
FROM 学生表;
```

5)分组视图

定义视图的查询语句中含有GROUP BY子句，即为含统计信息的分组视图。

例如，在成绩表(学号，课程号，成绩)基础上，建立学号及其平均成绩的视图，其SQL语句如下：

```
CREAT VIEW 学生_平均成绩(学号，平均成绩)
AS
SELECT 学号，AVG(成绩)
```

```
FROM 成绩表
GROUP BY 学号;
```

3. 查询视图

视图是一个动态生成的临时表，查询视图一般有两种方法：第一种是实体化视图，第二种是视图消解。下面分别讲解两种方法的查询步骤。

1) 实体化视图的步骤

(1) 有效性检查：检查所查询的视图是否存在。

(2) 执行视图定义，将视图临时实体化，生成临时表。

(3) 查询视图转换为查询临时表。

(4) 查询完毕，删除被实体化的视图(临时表)。

2) 视图消解步骤

(1) 进行有效性检查，检查查询的表、视图等是否存在。如果存在，则从数据字典中取出视图的定义。

(2) 把视图定义中的子查询与用户的查询结合起来，转换成等价对基本表的查询。

(3) 执行修正后的查询。

例如，在已建立的学生_地信视图中查询年龄小于 20 岁的学生学号和年龄，其 SQL 语句如下：

使用实体化视图进行查询：

```
SELECT 学号,年龄
FROM 学生_地信              /* 视图实体化生成临时表 */
WHERE 年龄 < 20;
```

使用视图消解进行查询：

```
SELECT 学号,年龄
FROM 学生表
WHERE 专业 = '地理信息系统'          /* 视图中子查询与用户的询结合 */
AND 年龄<20;
```

4. 视图更新

从用户角度来看，更新视图与更新基本表相同，数据库管理系统实现视图更新的方法有两种：一种是视图消解法，即转换为对基本表的更新操作；另一种是指定 WITH CHECK OPTION 子句后，数据库在更新视图时会进行检查，防止用户通过视图对不属于视图范围内的基本表数据进行更新。

例如，将已建立的学生_地信视图中，学号为 202003142 的学生的姓名修改为“李飞”，其 SQL 语句如下：

```
UPDATE 学生_地信
SET 姓名 = '李飞'
WHERE 学号 = '202003142';
```

其转化为对学生表(学号，姓名，性别，年龄，专业)的更新：

```
UPDATE 学生表
```

```
SET 姓名='李飞'
WHERE 学号='202003142'
AND 专业='地理信息系统';
```

其中，“专业='地理信息系统'”是由 WITH CHECK OPTION 自动添加实现的。

若视图更新不能唯一且有意义地转换成相应基本表进行更新，此类视图是不可更新的。

其他类型的更新操作，如插入数据(INSERT)、删除数据(DELETE)，与基本表的更新语法相同，以下不再举例说明，读者若想了解可以参考 3.2.5 数据更新语句。

5. 删除视图

视图的删除与表的删除类似，其 SQL 语句格式为：

```
DROP VIEW <视图名>[CASCADE];
```

该语句可从数据字典删除指定的视图定义。通过该视图导出的其他视图定义虽仍在数据字典中，但由于原导出视图已删除，所以已不能使用，必须显式删除或用 CASCADE 级联删除。

3.3 高级 SQL

3.3.1 触发器

触发器(Trigger)通常会在对某一个表的特别事件发生时被激活，也就是由事件触发后使数据库自动执行动作。例如，在网上购物时，若客户订购一个商品后，都应该自动将数据库中所记录的库存数量自动减去，避免发生已经没有库存却仍持续销售的情况。更准确地讲，触发器是在 MySQL 响应的限定语句之下，自动执行的一条 MySQL 语句，触发器仅响应以三种保留字语句触发的活动：DELETE、INSERT、UPDATE。且触发器在何时执行有明确的规范，在处理之前或是之后分别使用保留字 BEFORE 及 AFTER。

触发器的使用规范为每个表、每个事件每次仅允许一个触发器，因此，每个表最多支持 6 个触发器，分别如表 3-4 所示。

表 3-4　6 个触发器

	DELETE	INSERT	UPDATE
BEFORE	BEFORE DELETE	BEFORE INSERT	BEFORE UPDATE
END	END DELETE	END INSERT	END UPDATE

单一触发器不能与多个事件或多个表关联使用，所以若是在使用场景中，就需要同时对 INSERT 与 UPDATE 两个动作进行触发，则应分别定义两个触发器，且在同一数据库当中需保证触发器名称唯一，避免数据库触发产生冲突。

1. 创建触发器

创建数据库触发器需谨慎，注意触发器名称不可重复，要明确触发动作的顺序性，其

SQL 语句如下：

```
CREATE <触发器名>
    < BEFORE | AFTER > <INSERT | UPDATE | DELETE >
    ON <表名>
    FOR EACH ROW <触发器主体>;
```

例如，创建名为 NewStudent 的触发器，在每个插入行的 INSERT 语句完成后会触发执行，成功插入后都需要显示“Student Added”的消息：

```
CREATE TRIGGER NewStudent
AFTER INSERT ON STUDENT
FOR EACH ROW SELECT 'Student Added';
```

2. 查看触发器

在 MySQL 中，可以通过 SHOW TRIGGERS 语句来查看触发器的基本信息，确认触发动作不冲突以及触发顺序，其 SQL 语法格式如下：

```
SHOW TRIGGERS;
```

3. 删除触发器

若触发器与使用场景不符合，可以利用删除触发器语法，SQL 语法格式如下：

```
DROP TRIGGER <触发器名>;
```

3.3.2　存储过程

存储过程(Procedure)是为以后的使用，保存一条或多条 MySQL 语句的集合，也可视其为批文件。存储过程主要有三个优点：简单、安全和高性能。

通过把数据库处理过程封装在容易使用的单元当中，可以实现对数据库中一些复杂操作的简化。使用存储过程，可以避免反复建立处理步骤。建立系列的处理步骤可以保证数据的完整性，执行步骤越规范就越利于防止错误，也可以保障数据的一致性。

在安全性上，通过存储过程限制对基础数据的访问，能够降低数据因无意识或其他原因导致数据讹误的概率。在许多数据库中，数据库管理员会限制存储过程的创建权限，仅允许用户“使用”存储过程，但不允许“创建”存储过程。

通过存储过程的实现，编写功能更强大且更灵活的代码成为可能。

1. 创建存储过程

创建存储过程是执行存储过程的开端，要先将一系列动作建立在存储过程中，以后可以在已规范的过程中处理，并保证数据完整性及一致性。其 SQL 语法如下：

```
CREATE PROCEDURE <存储过程名>
    BEGIN
    <存储过程主体>;
    END;
```

例如：

```
CREATE PROPCEDURE StudentGrade()
BEGIN
```

```
SELECT AVG(GRADE) AS GradeAverage
FROM STUDENT;
END;
```

其中，此次范例建立了名为 StudentGrade 的存储过程，利用 CREATE PROPCEDURE StudentGrade( )语句定义：若是存储过程接受参数，它们将在( )中列举出来；若不需要任何参数，仍需要将( )标示出来。

BEGIN 与 END 语句用来限定存储“过程体”，此过程体本身可以是一个简单的 SQL 语句，如本范例：

```
SELECT AVG(GRADE) AS GradeAverage FROM STUDENT;
```

在创建新的存储过程时，MySQL 处理此段代码，但没有返回任何数据。这是因为目前这段代码并未调用存储过程，仅为了后续的执行来创建它。

2. 执行存储过程

执行存储过程称为“调用”，保留字为 CALL。CALL 后接受存储过程的名字与需要传递的任意参数名。其 SQL 语法如下：

```
CALL <存储过程名> ( <一个或多个参数名> );
```

需特别注意的是，所有 MySQL 变量都需要以“@”为首。

例如：

```
CALL StudentGrade(@ maxgrade,@ avggrade,@ mingrade);
```

其中，执行名为 StudentGrade 的存储过程，它计算后返回学生成绩的最高、平均和最低分数。存储过程要求三个参数，不可多也不可少，所以此条 CALL 语句将变量名以“@”开头作为存储过程，将保存结果的三个变量的名字。

在调用过程中，这条语句并不会显示任何数据。可以通过查询参数进行显示。例如：

```
SELECT @ maxgrade;
```

透过 SELECT 查询参数，则可以获得学生成绩的最高分。

3. 删除存储过程

存储过程在创建之后，被保存在服务器上以供使用，直至被删除。未删除已经创建的存储过程，其 SQL 语法如下：

```
DROP PROCEDURE <存储过程名>;
```

其中，在存储过程名称后面无需加上( )，仅需给出存储过程名即可。

如果指定的过程不存在，则 DROP PROCEDURE 将会产生一个错误。若确定过程存在，欲删除该存储过程也可使用以下语法：

```
DROP PROCEDURE IF EXISTS <存储过程名>;
```

3.3.3 事务处理

事务处理(Transaction Processing)可以用来维护数据库的完整性。由于关系数据库设计把数据存储在多表中，使数据更加容易操纵、维护与重复使用，好的关系数据库设计模式，对象间都是相关联的，因此在使用过程中难以保证数据库完整性。

而事物处理可以保证批量的 MySQL 操作要么完全执行，要么就完全不执行，这些批量的 MySQL 操作是作为一个不可分割的工作单位的，因此可以用此维护数据库完整性。

利用事务处理，管理成批执行的 MySQL 操作，可以保证一组操作不会中途停止，可以整体执行，或者完全不执行。如果没有错误发生，整组语句将会提交到数据库表；反之，若发生错误，则进行回退撤销，将数据恢复到某个已知的且安全的状态。

1. 事务处理的相关概念

使用事务与事务处理，有几个关键词会反复使用，说明如下。

(1)事务(TRANSACTION)：指一组 SQL 语句。

(2)回退(ROLLBACK)：指撤销指定 SQL 语句的过程。

(3)提交(COMMIT)：指将未存储的 SQL 语句结果提交并写回到磁盘中的物理数据库中。

(4)保留点(SAVEPOINT)：在事务处理中设置的临时占位符，可以对它发布回退(与回退整个事务处理不同)。

可以用以下例子进行说明：

```
SELECT * FROM STUDENT;
START TRANSACTION;
DELETE FROM STUDENT;
SELECT * FROM STUDENT;
ROLLBACK;
SELECT * FROM STUDENT;
```

根据以上语句，先进行 STUDENT 表的查询，获取该表的所有数据内容。接着开始事务(START TRANSACTION)，删除 STUDENT 表所有内容，再进行一次 STUDENT 表查询，可以发现表中所有数据已被删除。为了恢复被删除的数据，使用回退(ROLLBACK)后，再进行一次查询，可以发现 STUDENT 表回退到事物开始的状态。

2. 控制事务处理

在数据库事务处理中，提交并不会如数据库查询时直接隐含提交(IMPLICAT COMMIT)，为进行明确的提交，使用 COMMIT 语句，举例如下：

```
START TRANSACTION;
DELETE FROM STUDENT WHERE STUDENT.学号 = 10000;
DELETE FROM SC WHERE SC.学号 = 10000;
COMMIT;
```

这个示例中，目的是从数据库中完全删去学号为 10000 的学生信息，因为这位学生的信息涉及两张表，分别为 STUDENT 表与 SC 表，所以使用事务处理可以避免该学生的数据未被完全删除而残留部分数据在数据库中。最后的 COMMIT 语句仅在两条 DELETE 语句都能执行，才会对磁盘中的数据库提交更改。若第一条 DELETE 成功，但第二条 DELETE 执行失败，则两条 DELETE 语句的结果都不会提交，自动地撤销本次事务处理。

对于简单的事务处理可以直接使用 COMMIT 与 ROLLBACK。但在实际应用场景中，复杂的事务处理需要善用保留点(SAVEPOINT)，保留点即为在事务中合适位置的占位符号。通过保留点可以在复杂事物处理中对部分事务进行划分，进而可以进行部分事物的提交或回退。保留点的 SQL 语法如下：

SAVEPOINT <保留点名>;

其中，每个保留点的名称须唯一，以便在回退的时候，可以清楚辨识回退位置，若需回退，SQL 语法如下：

ROLLBACK TO <保留点名>;

3.3.4 数据库完整性

数据库的完整性是指数据的正确性与兼容性。例如：身份证号必须唯一，学生所选课程必须为实际开设课程等。保证数据完整性是为了防止数据库中含有不符合语义的数据，也就是防范错误数据进入数据库。

为维护数据库的完整性，数据库管理系统必须能够提供定义完整性约束条件的机制，并具备检查数据完整性的方法及在发生违背数据完整性情景下的处理动作。数据库完整性可以细分为三部分：实体完整性、参照完整性、用户自定义完整性。

1. 实体完整性

在关系模型中，实体完整性在实践中运用于创建表 CREATE TABLE 中的主码 PRIMARY KEY 定义，对单一属性有两种定义方式：一种为“列级”约束条件，另一种为“表级”约束条件。

例如，将 STUDENT 表中的 Sno 属性作为主码，其 SQL 语句有两种写法：

```
CREATE TABLE STUDENT(
    Sno VARCHAR(10)PRIMARY KEY,        /* 列级定义主码 */
    Sname VARCHAR(20)NOT NULL,
    Sgender VARCHAR(2),
    Sage SMALLINT,
    Sdept VARCHAR(20)
    );
```

或

```
CREATE TABLE STUDENT(
    Sno VARCHAR(10),
    Sname VARCHAR(20)NOT NULL,
    Sgender VARCHAR(2),
    Sage SMALLINT,
    Sdept VARCHAR(20),
    PRIMARY KEY(Sno)            /* 表级定义主码 */
    );
```

若由多个属性构成的码，只有一种说明方式，即为表级定义。

例如，将 SC 表中的 Sno 与 Cno 属性作为主码，其 SQL 语句举例如下：

```
CREATE TABLE SC(
    Sno VARCHAR(10)NOT NULL,
    Cno VARCHAR(4)NOT NULL,
    Grade SMALLINT,
    PRIMARY KEY(Sno,Cno)             /* 表级定义主码 */
    );
```

通过 PRIMARY KEY 定义关系的主码后，每当用户对基本表插入一条新记录或对主码列进行更新时，数据库都会按照 PRIMARY KEY 的规范进行检查，检查主码是否唯一且不可为空值，确保数据的实体完整性。

2. 参照完整性

在关系模型中，参照完整性在实践中运用于创建表 CREATE TABLE 中的外码 FOREIGN KEY 定义，用 REFERENCES 短语指明外码参照哪些表的主码。

例如，关系表 SC 表中的一个元组即为一位学生选修某一课程的成绩，Sno 与 Cno 作为该表的主码，Sno 与 Cno 分别参照的 STUDENT 表与 COURSE 表的主码，其 SQL 语句如下：

```
CREATE TABLE SC(
    Sno VARCHAR(10)NOT NULL,
    Cno VARCHAR(4)NOT NULL,
    Grade SMALLINT,
    PRIMARY KEY(Sno,Cno)
    FOREIGN KEY(Sno) REFERENCES STUDENT(Sno),
    FOREIGN KEY(Cno) REFERENCES COURSE(Cno)
    );
```

3. 用户自定义完整性

在关系模型中，除实体完整性与参照完整性之外，用户自定义完整性是针对某一具体运用的数据进行定义，例如，若个人手机号为必填项，所以不可为空。

应用场景中，最常使用的属性约束条件为：列值非空（NOT NULL）、列值唯一（UNIQUE）。

例如，学术单位表 DEPT 中要求部门编号 Dno 为主码、部门名称 Dname 唯一且部门地点 Dlocation 不可为空，其 SQL 语句如下：

```
CREATE TABLE DEPT(
    Dno NUMERIC(2) PRIMARY KEY,        /* 列级定义主码 */
    Dname VARCHAR(10)UNIQUE,            /* 列值唯一 */
    Dlocation VARCHAR(20)NOT NULL        /* 属性不为空值 */
    );
```

3.3.5　数据库安全性

数据库安全性主要指保护数据库，以防止因不合法使用所造成的数据泄露、更改及破坏。可能造成数据库不安全的因素有非授权用户对数据库的恶意存取及修改、库中敏感及私人信息泄露、计算机系统与周边软硬件的安全性破坏等，都是造成数据库的信息安全疑虑的因素。

目前，国际上对于数据库安全已有一套标准与级别划分，在实际使用数据库场景中，透过用户身份鉴别、访问控制、授权、数据库角色创建，都可以加以防范恶意的数据库操作，并提升数据安全性。

1. 管理用户

有效的维护数据库安全方法，即为提供具有数据库使用需求的用户个人化的数据库访问权限，创建和严格管理用户的账号及访问权限，进行访问控制的管理。在实际场景中，一系列账号中主要会提供给管理员、用户、开发人员等使用。

MySQL 用户账号与信息存储在名为 mysql 的 MySQL 数据库中。若需要获取数据库中所有用户账号列表时，其 SQL 语句如下：

```
USE mysql;
SELECT user FROM user;
```

其中，名为 mysql 的数据库中，有表 user，表中有一列 user 专门存储用户登录名。新安装的服务器可能只有默认的一个用户(通常为 root)，若是长期使用的数据库可能具有许多用户数据。

(1)创建用户账号：其语法如下：

```
CREATE USER <用户名>
[ IDENTIFIED BY  '用户密码'] ;
```

其中，GRANT 和 INSERT 都可以通过直接在 user 表插入行来增加用户，但为了安全起见，建议使用 CREATE USER。

(2)重新命名用户账号：其语法如下：

```
RENAME USER <原用户名> TO <新用户名>;
```

(3)删除用户账号：其语法如下：

```
DROP USER <用户名>;
```

2. 设置访问权限

设置访问权限的目的不只为了防范恶意的数据库攻击，也为了避免无意识的错误或不合适的操作而造成严重的数据库事故。通过赋予不同角色以相应的访问权限，保证个别用户仅可以在有限范围内操作数据库，降低数据库错误的概率。

SQL 中使用 GRANT 与 REVOKE 语句向用户授予或收回对数据的操作权限。GRANT 语句向用户授予权限，REVOKE 语句则为收回已经授予用户的数据库使用权限。

(1)查看用户权限列表：为了查看数据库用户权限，其语法如下：

```
SHOW GRANTS FOR <用户名>;
```

(2)设置权限：其语法如下：

```
GRANT <权限> [ , <权限>]…
ON <对象类型><对象名>[ , <对象类型><对象名>]…
TO <用户名>[ , <用户名>]…
[ WITH GRANT OPTION];
```

其中，若指定 WITH GRANT OPTION 子句，则获得某种权限的用户可以授予该权限给其他用户；反之，若未指定此子句，仅可以用户本身使用，不可传播该权限。

例如，将查询学生表 STUDENT 的权限授予用户 U1，其 SQL 语句如下：

```
GRANT SELECT
ON TABLE STUDENT
TO U1;
```

假如将学生表 STUDENT 的所有操作权限授予所有用户，则 SQL 语句如下：

```
GRANT ALL PRIVILEGES
ON TABLE STUDENT
TO PUBLIC;
```

其中，某表的所有授权授予语法为 ALL PRIVILEGES，授予的用户若为全体，则可使用 PUBLIC 作为代表。

(3)撤销权限：授予 GRANT 的反操作是撤回 REVOKE，用以撤销特定的权限，其语法如下：

```
REVOKE <权限> [ , <权限>]…
ON <对象类型><对象名>[ , <对象类型><对象名>]…
FROM <用户名>[ , <用户名>]…
[ CASCADE | RESTRICT];
```

假如收回所有用户对学生表 STUDENT 的输入 INSERT 权限，则 SQL 语句如下：

```
REVOKE INSERT
ON TABLE STUDENT
FROM PUBLIC;
```

从“(2)设置权限”和“(3)撤销权限”可以得到控制访问权限上需要设定控制权限的层次，控制层面从服务器、数据库、单表、单列等都可以有层级的限制使用。常用的权限如表 3-5 所示。

表 3-5　权限说明

权限	说　明
ALL PRIVILEGES	除 GRANT OPTION 之外的所有权限
ALTER	使用 ALTER TABLE
CREATE	使用 CREATE TABLE

续表

权限	说　明
CREATE USER	使用 CREATE USER、DROP USER、RENAME USER、REVOKE ALL PRIVILEGES
DELETE	使用 DELETE
DROP	使用 DROP TABLE
EXECUTE	使用 CALL 和存储过程
GRANT OPTION	使用 GRANT 和 REVOKE
INDEX	使用 CREATE INDEX 和 DROP INDEX
INSERT	使用 INSERT
LOCK TABLES	使用 LOCK TABLES
REPLICATION CLIENT	服务器位置的访问
REPLICATION SLAVE	由复制从属使用
SELECT	使用 SELECT
UPDATE	使用 UPDATE
USAGE	无访问权限

3.3.6 数据库备份与恢复

数据备份是至关重要的，当发生库中数据损坏、数据库服务出现错误、内部系统崩溃、计算机硬件损坏或者数据误删等事件时，使用一种有效的数据备份方法，就可以快速解决以上所有问题。

MySQL 提供了多种数据库备份方案，包括逻辑备份、物理备份、全备份及增量备份。在实际场景中，可以选择最合适的方式进行数据备份。

1. 物理备份

物理备份是通过直接复制包含数据库内容的目录与文件来实现的。重要的大规模数据进行备份常常使用这种方法，并且要求在物理备份之后能快速还原的数据库环境。典型的物理备份为复制 MySQL 数据库的部分或全部目录及相关的配置文件，但采用物理备份需要 MySQL 处于关闭状态，防止在备份的过程中改变发送数据。

实际操作中，可以通过“mysqlbackup”命令对 InnoDB 数据进行备份，使用“mysqlhotcopy”命令对 MyISAM 数据进行备份。另外，也可以使用文件系统级别的“cp”“scp”“tar”“rsync”等命令进行备份。

2. 逻辑备份

逻辑备份是通过保存代表数据库结构及数据内容的描述信息来实现的，简单来说，就是存取创建数据库结构及添加数据内容的 SQL 语句。这种备份方式仅适用于少量数据的备份与还原。

逻辑备份由于需要查询 MySQL 服务器获得数据结构及内容信息，所以相对于物理备份而言，备份速度比较慢，且备份过程中并不会备份日志、配置文件等不属于数据库内容的资料。逻辑备份的优势在于备份层面广，不管是服务层面、数据库层面，还是数据表层面的备份，都可以切入进行备份，并且逻辑备份方法与系统、硬件无关。

下面通过案例介绍如何使用 MySQL 提供的工具命令进行逻辑备份。

利用语句使 mysqldump 备份数据库，默认该工具会将 SQL 语句信息导出，并保存至 bak. sql 文件。

(1)备份所有的数据库：

```
mysqldump -u root -p --all-databases > bak.sql
```

(2)备份指定的数据库 db1、db2 以及 db3：

```
mysqldump -u root -p --databases db1 db2 db3 > bak.sql
```

(3)备份一个数据库(仅备份一个数据库时，“--databases”可以省略)：

```
mysqldump -u root -p DBname > bak.sql
```

或

```
mysqldump -u root -p--databases DBname > bak.sql
```

是否加上“--databases”，差别在于备份输出信息中是否包含 CREATE DATABASE 或 USE 语句；若未加入“--databases”，则备份的数据文件在后期进行数据恢复操作时，如果数据库不存在，必须先创建该数据库才能进行数据恢复。

3. 数据恢复

进行数据备份之后，可以获得 . sql 格式的文件，利用 MySQL 命令读取备份文件，实现数据还原功能。命令如下：

```
mysql -u root -p DBname < bak.sql
```

其中，恢复数据库时，必须要指出将被恢复的数据库名称且该数据库需存在，若不存在，则要先用 CREATE DATABASE 创建后，才可进行恢复。

3.4　本章小结

本章主要介绍结构化查询语言 SQL 的基础知识和使用方法。

第一节介绍结构化查询语言 SQL 的分类，SQL 可以分为数据定义、数据查询、数据更新、数据控制、事务处理和指针六部分内容。本章重点介绍前四部分，并通过基础 SQL 及高级 SQL 分别进行讲解，令读者可以逐步掌握。

第二节介绍基础 SQL，详细地阐述了 SQL 于数据定义、数据查询、数据更新的使用方法及范例，结合丰富的示例功能展示，方便数据库初学者入门和提高。

第三节介绍高级 SQL，讲解了数据控制等相关内容，着重介绍触发器设置、存储过程、事务处理、数据库的完整性及安全性。数据库的数据安全及组织完整是非常复杂的，这样的设计有利于 DBA 进行数据库的管理和维护。

本章中，所有 SQL 语句均搭配示例进行讲解，以辅助读者理解。经过本章的学习，读者可在实际操作的基础上掌握 SQL 的原理概念和使用方法。

第 4 章　MySQL 操作

4.1　MySQL

4.1.1　MySQL 背景

MySQL 最早诞生于瑞典 MySQL AB 公司。在 2006 年，MySQL AB 公司被 SUN 公司收购，SUN 公司又在 2008 年被数据库巨头公司甲骨文(Oracle)收购，因此 MySQL 现已成为 Oracle 公司旗下的数据库项目。

MySQL 是众多数据库中较为经典的一款产品，它的产品定位为小型开源关系型数据库管理系统。

MySQL 因为三大特性在全世界得到了广泛的认可和应用：

(1)成本低。MySQL 为开源软件，可以免费使用和修改。

(2)性能强。MySQL 性能佳，处理速度快。

(3)简单实用。MySQL 易安装和使用，对初学者友好。

虽然 MySQL 属于传统关系型数据库产品，但在遵守开源协议的前提下，用户可以免费使用与修改，在数据库使用上也可以自由地选择及拓展，因此深受用户喜爱。MySQL 开源社区的开发与维护人员的数量很多，因此软件技术及功能逐步提升，支持 MySQL 的使用平台也日渐增多，整体数据库性能也不断地提高。目前，MySQL 已成为全球使用人数最多的开源关系型数据库管理系统。许多国内外互联网公司都采用了 MySQL 数据库，甚至会将其作为公司内部核心的数据库系统，MySQL 数据库的优点使得这些企业能够有效降低运营成本、节约社会资源，以获取竞争优势。

作为关系型数据库，MySQL 的显著特点是读取速度较快。这是由于它的数据保存在不同表中，而表保存在相应的数据库中，可以通过表间的关系连接获取指定数据，而不必要把所有数据统一放在一个大数据仓库中。这样的数据管理方式不仅读取速度快，查询的灵活性和数据管理能力都有很大的提高。

另外，对 MySQL 的访问及管理需要采用标准化语言 SQL，SQL 语言使得用户可以简单及灵活地对数据库进行数据存储、更新和存取信息等操作。

4.1.2　MySQL 安装配置

1. MySQL 安装

下载路径：MySQL 官方网站(https：//www. mysql. com/downloads/)。

访问上述 MySQL 官方网站，进入后点击“DOWNLOADS”，并选择页面最下方的“MySQL Community Server”，点击后下载。官网所推荐的版本为最新版，可直接下载安装使用。

进入“MySQL Community Server”页面后，选择“All MySQL Products…In One Package.”并前往下载页面。下载前务必确认计算机操作系统及档案大小，之后选择 MSI Installer 下载，如图 4-1 和图 4-2 所示。

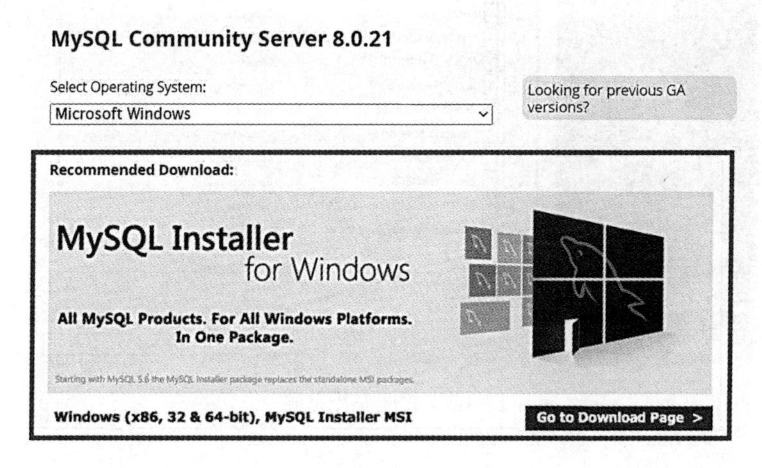

图 4-1 MySQL 产品包下载页面

General Availability (GA) Releases | Archives

MySQL Installer 8.0.21

Select Operating System:
Microsoft Windows
Looking for previous GA versions?

Windows (x86, 32-bit), MSI Installer 8.0.21 24.5M Download
(mysql-installer-web-community-8.0.21.0.msi) MD5: cf2b46ba35a4443f41fb8e94a0e91d93 | Signature

Windows (x86, 32-bit), MSI Installer 8.0.21 427.6M Download
(mysql-installer-community-8.0.21.0.msi) MD5: b52294aa854356c266e9a9aec737ba08 | Signature

图 4-2 MSI Installer 下载页面

MySQL 可以直接免费下载，无需注册，若希望成为甲骨文 Oracle 会员也可以进行注册。点击跳过注册步骤后，可以开始下载安装的驱动程序。下载完毕后，点击启动安装驱动，进入 MySQL 数据库安装窗口。

进入 MySQL 数据库安装窗口 MySQL Installer 后，便开始进行系统安装。首先选择数据库设定类型，为默认开发者选项“Developer Default”即可，点击“Next”进入下一步；接着进行需求确认；最后点击“Execute”，开始所需的配套软件的安装环节。

软件安装完成后，当在安装界面上看到每项安装内容前面有打勾的绿圈，即可点击

“Next”，如图 4-3 所示。

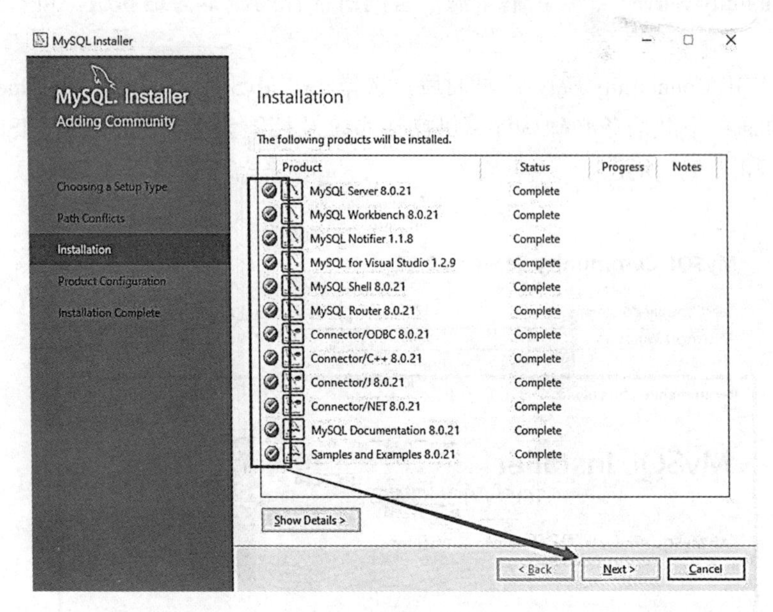

图 4-3　软件安装完成

软件安装完成后，进入第三个环节：产品配置确认。接口预设为 3306，无需更改。后续几个步骤均点击“Next”，使用系统默认设定即可，直至数据库密码设置。

接着，设置本机 MySQL 数据库密码，如图 4-4 所示。该密码是作为后续连接数据库的唯一密码，因此务必牢记。为保障数据库安全性，请使用高强度密码。设置密码后，就

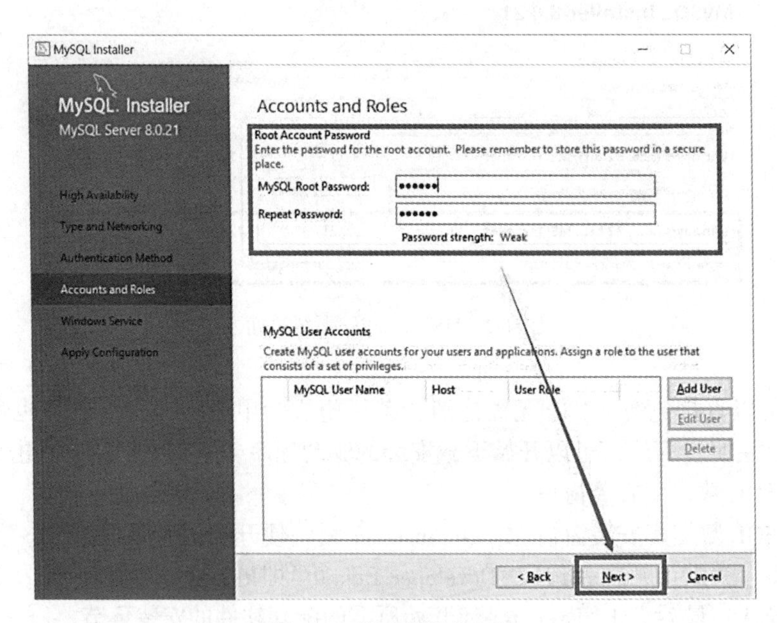

图 4-4　设置数据库密码

已完成所有的配置，点击“Next”即可。

产品配置完成后，需进行连接服务器的操作。用户名默认为 root，需输入已设置的数据库密码进行确认并连接。连接成功后，在页面会出现绿底字“Connection succeeded.”，至此就完成了 MySQL 数据库的安装，如图 4-5 所示。在出现“Installation Complete”字样后，点击“Finish”确定即可。

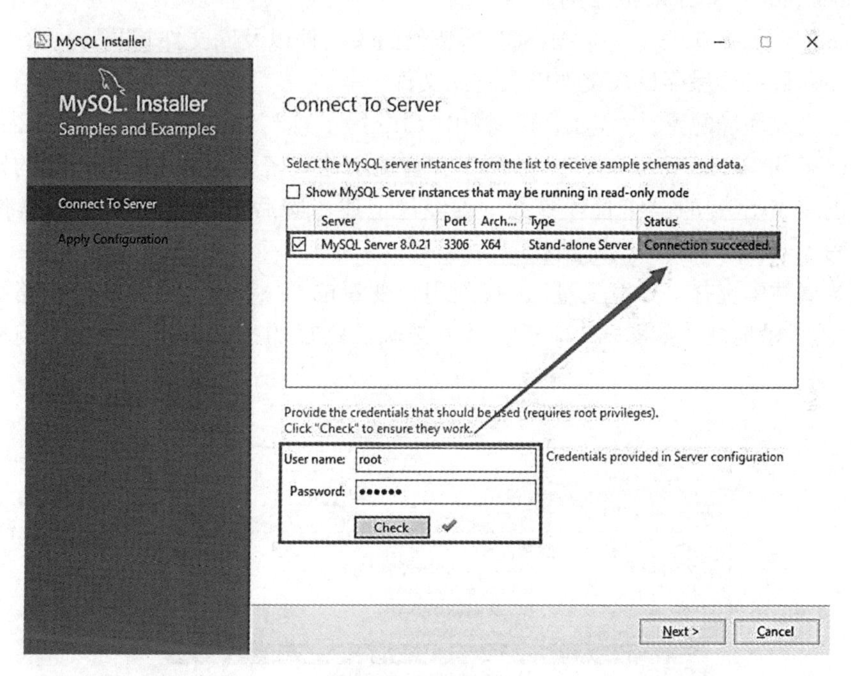

图 4-5 连接服务器

MySQL 已经安装完成，在本机目录中找到相应档案(此为 MySQL 预设路径)，如图4-6所示。

› 本機 › Windows (C:) › Program Files › MySQL › MySQL Server 8.0 ›

名稱	修改日期	類型	大小
bin	2020/7/20 10:36	檔案資料夾	
docs	2020/7/20 10:36	檔案資料夾	
etc	2020/7/20 10:36	檔案資料夾	
include	2020/7/20 10:36	檔案資料夾	
lib	2020/7/20 10:36	檔案資料夾	
share	2020/7/20 10:36	檔案資料夾	
LICENSE	2020/6/16 18:31	檔案	396 KB
LICENSE.router	2020/6/16 18:31	ROUTER 檔案	102 KB
README	2020/6/16 18:31	檔案	1 KB
README.router	2020/6/16 18:31	ROUTER 檔案	1 KB

s (C:)

图 4-6 MySQL 预设路径

2. MySQL 环境变量设置

在本机安装目录中找到 MySQL 的安装文件，可以看到如下的文件组织目录。

(1) bin 目录：保存 MySQL 常用的命令工具以及管理工具。

(2) data 目录：MySQL 默认用来保存数据文件以及日志文件的地方，但刚刚安装完成，尚未开始导入数据的数据库不会有 data 文件夹。

(3) docs 目录：MySQL 的帮助文档。

(4) include 目录和 lib 目录：MySQL 所依赖的头文件以及库文件。

(5) share 目录：保存目录文件以及日志文件。

若已经完成环境配置，在电脑可以找出"命令提示符"，或输入"cmd"进入命令窗口，并输入"mysql -h localhost -u root -p"后回车，会提示输入密码，输入刚刚设置的密码，登录后就会进入 MySQL 的操作管理界面。若经过上述步骤后可以登录 MySQL 操作管理界面，则说明 MySQL 在本机安装完成。

在系统属性中选择"环境变量"，找到用户变量的"PATH"，并设定正确路径，路径为 MySQL 的目录地址，如图 4-7 所示。请务必确认路径的正确，该路径会影响环境配置结果。

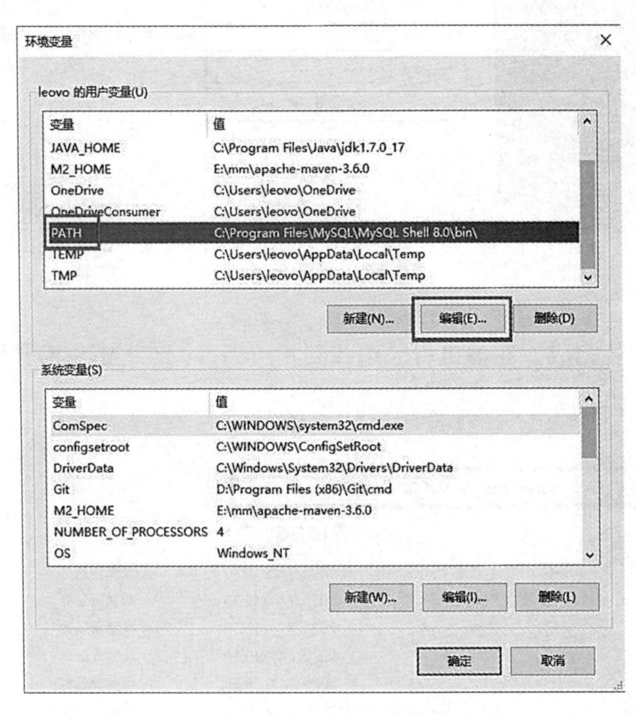

图 4-7　用户变量"PATH"

完成环境变量设置后，找出"命令提示符"或输入"cmd"进入命令窗口，验证 MySQL 是否已完成安装及环境配置，输入"mysql -h localhost -u root -p"后回车，之后会提示输入密码。如下：

```
C:\Users\Admin>mysql -h lacalhost -u root -p
    Enter password:<填入设置的数据库密码>
```

登录后，若显示“Welcome to the MySQL monitor.”，则表示完成环境配置。如下：

```
Welcome to the MySQL monitor.
...
Mysql> <输入语句>
```

此时可输入以下语句尝试运行数据库。

(1)输入“show databases;”，注意末尾须有分号，输入语句需严谨，可以查看当前MySQL中的数据库列表。

(2)输入“use test;”，可以进入test数据库(前提是要有此数据库)。

(3)输入“show tables;”，可以查看test数据库中的所有表。

(4)输入“quit;”，可以退出MySQL的操作管理界面。

4.2 Navicat

4.2.1 Navicat背景

中国香港卓软数码科技有限公司开发的Navicat是目前市面上非常受欢迎的图形化数据库管理及发展软件产品，其特色为通过类似浏览器的图形使用者界面使用户能简易且快速地操作数据库。它适用于三种操作系统：Microsoft Windows、Mac OS X及Linux，它的软件支持可多重连接到本地和远端数据库，目前可支持的数据库包含MySQL、SQL Server、SQLite、Oracle及PostgreSQL等。

Navicat的设计合乎多方使用者的需求，从数据库管理员和程序员，到各种为客户服务、与合作伙伴共享信息的公司及企业都可以使用Navicat作为MySQL数据库的辅助工具。它的应用层面涵盖互联网公司、信息科学、零售、医疗、运输、物流、酒店、银行，制造商等。

Navicat for MySQL是一套管理和开发MySQL或MariaDB的理想解决方案，支持单一程序，可同时连接到MySQL和MariaDB。功能齐备的数据库软件为数据库管理、开发和维护提供了直观而强大的图形界面，使创建数据库、数据传输、数据同步、结构同步、导入、导出、备份、还原等数据库相关操作更安全、简单及快速。

4.2.2 Navicat安装配置

1. Navicat安装

下载路径：Navicat官方网站(https://www.navicat.com.cn/store/navicat-for-mysql)。

打开Web浏览器，搜索“Navicat for MySQL”，进入点击“产品”并拉到页面中，找到“Navicat 15 for MySQL”，点击“免费试用”。

下载好安装驱动后，点击开始进行Navicat for MySQL安装。首先，需同意Navicat许可，点击“我同意”，再进入下一步安装程序。

确认好 Navicat 15 for MySQL 安装文件夹路径、开始菜单与额外任务后，点击“安装”。

安装完成后，会出现使用提醒，如图 4-8 所示。Navicat 15 for MySQL 的免费试用期为 14 天，正式授权文件请与教学单位索取或者自行购买。

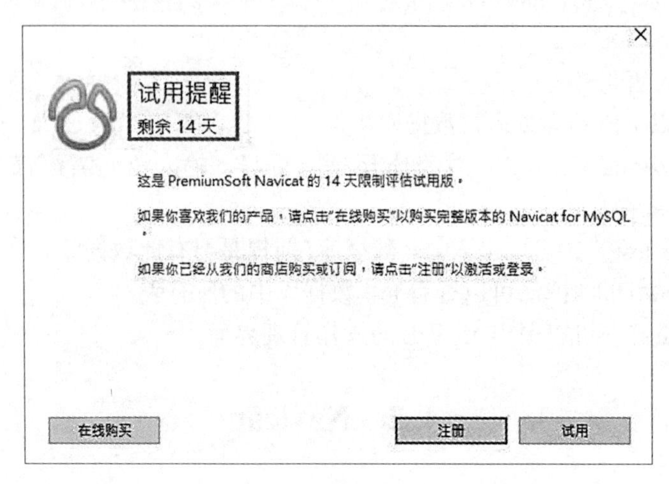

图 4-8　试用期提醒

2. Navicat 连接数据库

点击打开 Navicat for MySQL，开始连接本机数据库。点击“连接”并输入设置的数据库密码，即可完成 MySQL 数据库与 Navicat 操作界面的连接，如图 4-9 所示。

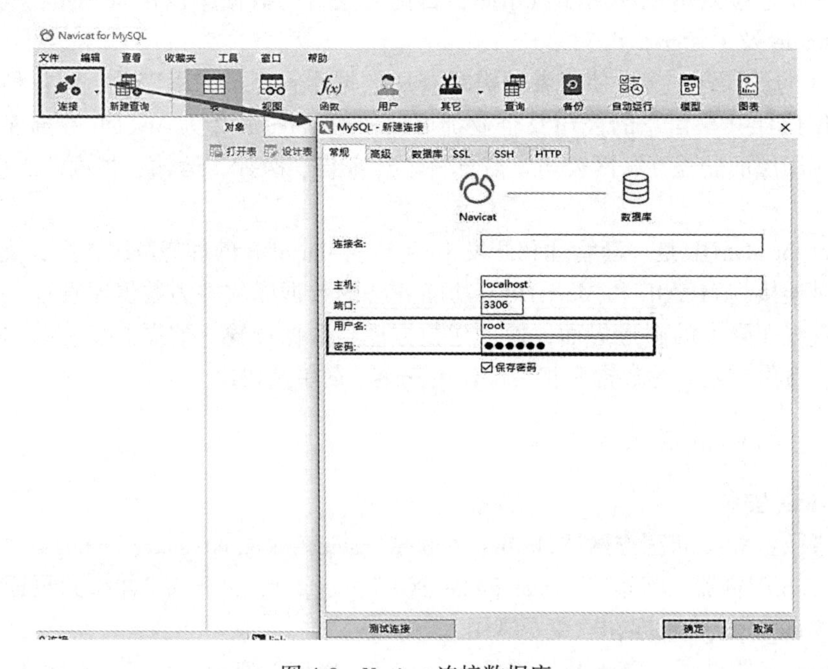

图 4-9　Navicat 连接数据库

连接 MySQL 后，若图标转为绿色，即为开启与本机数据库连接，可开始创建数据库、资料表及视图等数据库操作，如图 4-10 所示。

图 4-10　新建数据库

使用数据库过程中，需注意字符集设置与排序规则。字符集建议选择 utf8，以避免中文字在库中成为乱码，如图 4-11 所示。

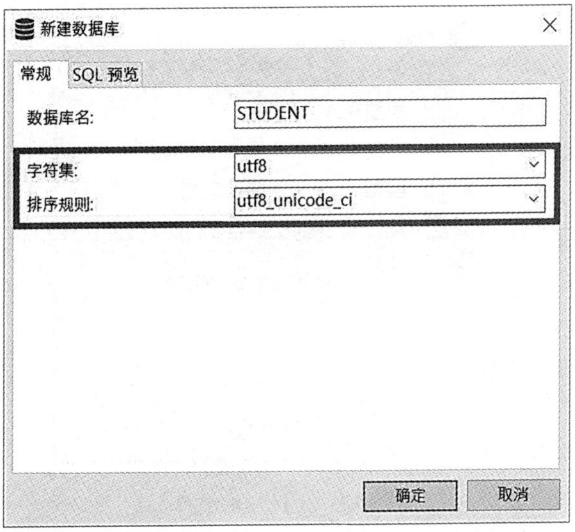

图 4-11　字符集设置

通过以上步骤，就完成安装和配置 Navicat 软件。需要注意的是，Navicat for MySQL 为商业付费软件，个人或者单位使用时需要购买商业授权。

4.3　导入数据集

4.3.1　数据文件介绍

本书使用的数据文件是基于学生成绩数据库管理系统的数据，包含基本数据表结构和超过一百万条的数据。文件中数据导入后，分为 5 个基本表：班级表 t_class、课程表 t_course、成绩表 t_score、学生信息表 t_student 和教师信息表 t_teacher。

学生成绩数据库管理系统是一个关系数据库，五个表间关联特性可以反映出该数据库的优势：具备综合统一、高度非过程化和面向集合的操作方式。读者可以自行按照本章软件安装及环境配置内容，安装并使用 MySQL 数据库及 Navicat for MySQL，灵活使用第 3 章的 SQL 语言范例进行练习、巩固及验证学习内容。

4.3.2　导入数据文件

下面的示例将 .sql 数据文件导入 test 数据库中，数据文件中含有 5 个基本表，表名分别为 t_class、t_course、t_score、t_student、t_teacher。

将文件导入数据库的步骤可以利用 Navicat for MySQL 界面进行操作。打开 Navicat for MySQL 后，连接 MySQL 数据库，接着，右击“表(或 Table)”，选择“运行 SQL 文件”，如图 4-12 所示。

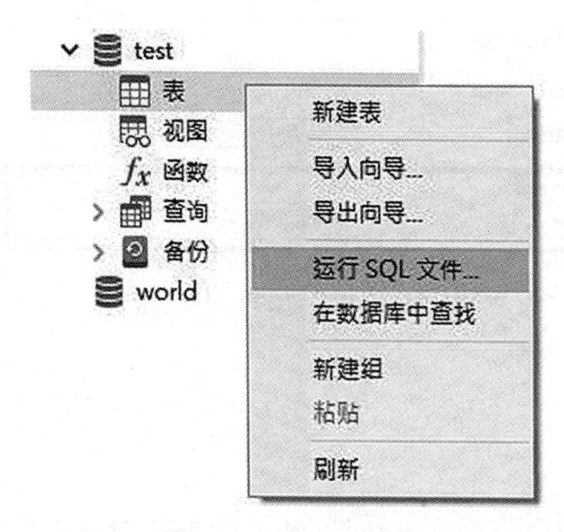

图 4-12　运行 SQL 文件

选择需要导入的 .sql 文件后，务必确认编码，为显示汉字请选择“65001(UTF-8)”或“Unicode”，以免生成乱码，接着可以开始导入文件内容，如图 4-13 所示。

SQL 文件顺利导入之后，可以从窗口得到已处理或错误的数据数量，若错误显示为 0，则代表该文件完全导入成功，即可开始数据库查询工作，如图 4-14 所示。

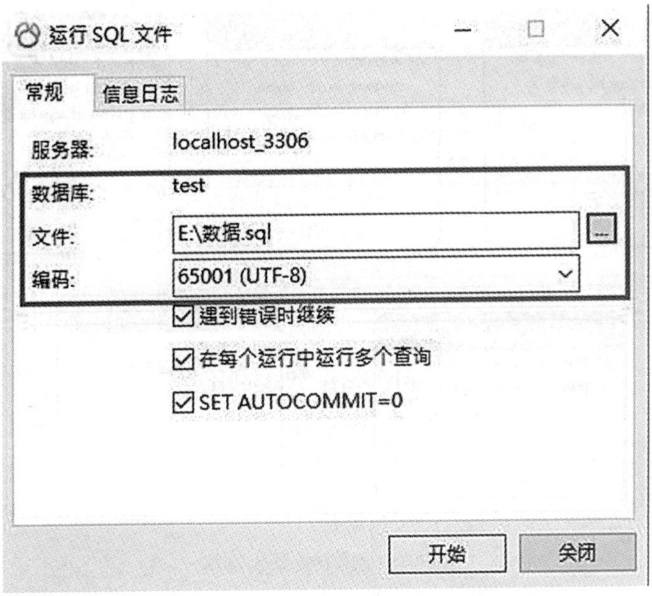

运行 SQL 文件

常规　信息日志

服务器:　localhost_3306

数据库:　test

文件:　E:\数据.sql

编码:　65001 (UTF-8)

☑ 遇到错误时继续

☑ 在每个运行中运行多个查询

☑ SET AUTOCOMMIT=0

开始　关闭

图 4-13 选择 SQL 文件与编码

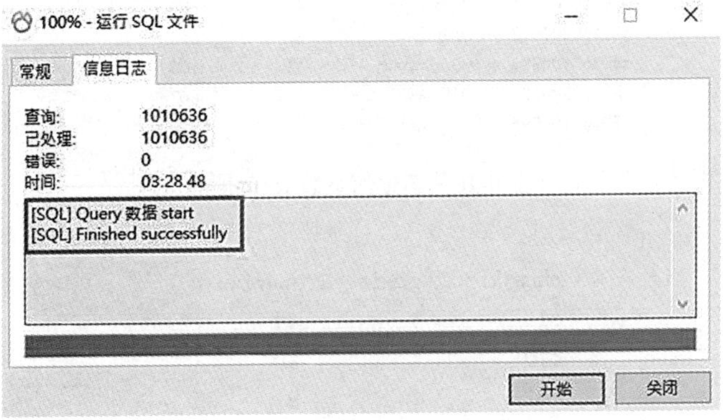

100% - 运行 SQL 文件

常规　信息日志

查询:　1010636

已处理:　1010636

错误:　0

时间:　03:28.48

[SQL] Query 数据 start

[SQL] Finished successfully

开始　关闭

图 4-14 数据导入完成

4.3.3 数据内容展示

图 4-15 中展示的是 5 个基本表：班级表 t_class、课程表 t_course、成绩表 t_score、学生信息表 t_student 和教师信息表 t_teacher。

学生信息表 t_student 有 4 个属性：学生编号 student_id、学生姓名 student_name、性别 gender、班级编号 class_id（图 4-16）。其中，student_id 为主码。本表可以通过 student_id 连接成绩表 t_score。

班级表 t_class 中有 3 个属性：班级编号 class_id、年级 grade、年级号码 number，如图 4-17 所示。

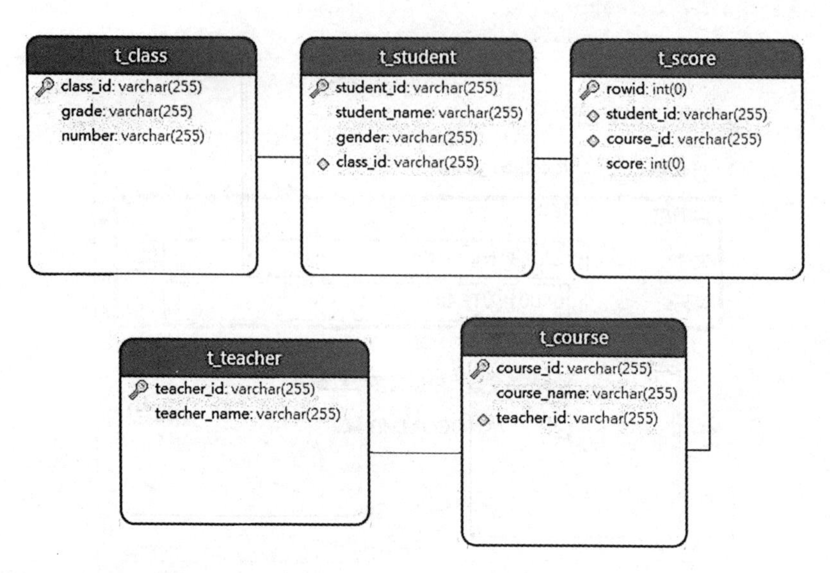

图 4-15　五个关系表结构

student_id ▲	student_name	gender	class_id
s20160300990	lpxws	女	c66
s20160300991	Sybyl	男	c26
s20160300992	Dig dylfw	女	c68
s20160300993	Ooyagpxq	男	c60
s20160300994	Vmotri	女	c67
s20160300995	Vqjxsu	男	c28

图 4-16　学生信息表 t_student

class_id	grade ▲	number
c1	1	1
c10	1	10
c9	1	9
c3	1	3
c8	1	8
c7	1	7
c6	1	6
c2	1	2
c5	1	5
c4	1	4

图 4-17　班级表 t_class

课程表 t_course 中有 3 个属性：课程编号 course_id、课程名 course_name、教师编号 teacher_id，如图 4-18 所示。

course_id	course_name	teacher_id
p140	有机化学	t2000001
p235	计算机系统结构	t2000010
p258	摄影测量与遥感	t2000010
p289	道路与铁道工程	t2000011
p223	微电子学与固体电子学	t2000012
p11	国民经济学	t2000013
p240	建筑设计及其理论	t2000013
p249	桥梁与隧道工程	t2000013
p152	大气物理学与大气环境	t2000014
p24	经济史	t2000015

图 4-18 课程表 t_course

成绩表 t_score 中有 4 个属性：成绩编号 rowid、学生编号 student_id、课程编号 course_id、成绩 score，如图 4-19 所示。

rowid	student_id	course_id	score
1	s20190102049	p54	90
2	s20190100743	p54	81
3	s20170209610	p54	48
4	s20190107600	p54	54
5	s20190102822	p54	10
6	s20190107092	p54	34
7	s20190100798	p54	6
8	s20190104225	p54	64
9	s20190102732	p54	99
10	s20190101162	p54	18

图 4-19 成绩表 t_score

教师信息表 t_teacher 中有两个属性：教师编号 teacher_id、教师名 teacher_name，如图 4-20 所示。

rowid	student_id	course_id	score
1	s20190102049	p54	90
2	s20190100743	p54	81
3	s20170209610	p54	48
4	s20190107600	p54	54
5	s20190102822	p54	10
6	s20190107092	p54	34
7	s20190100798	p54	6
8	s20190104225	p54	64
9	s20190102732	p54	99
10	s20190101162	p54	18

图 4-20 老师信息表 t_teacher

4.4　数据库常用操作

数据文件导入完成后，就可以通过 Navicat 操作安装在本机上的 MySQL 数据库。

首先启动 Navicat，左侧的工具栏可以看到哪些数据库已开启，图标转为绿色即为开启与本机数据库连接，如在图 4-21 中，milliondata 数据库已被开启。

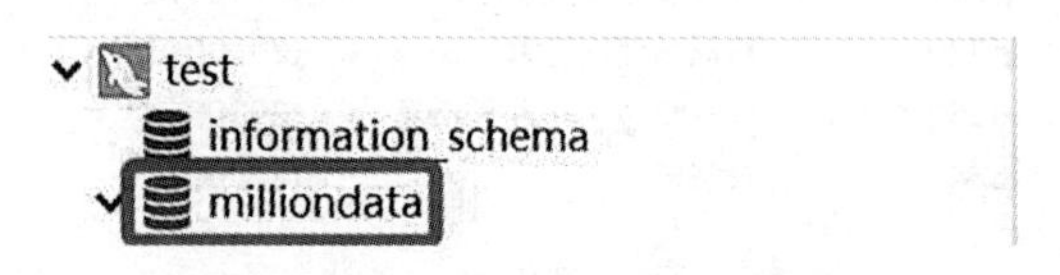

图 4-21　milliondata 数据库已开启

在 milliondata 数据库图标之下的导航栏有 7 个子功能图标，如图 4-22 所示，分别为：表(Tables)、视图(Views)、函数(Functions)、事件(Events)、查询(Queries)、报表(Charts)、备份(Backups)。在每个子功能中都可以右击获得更多的功能。

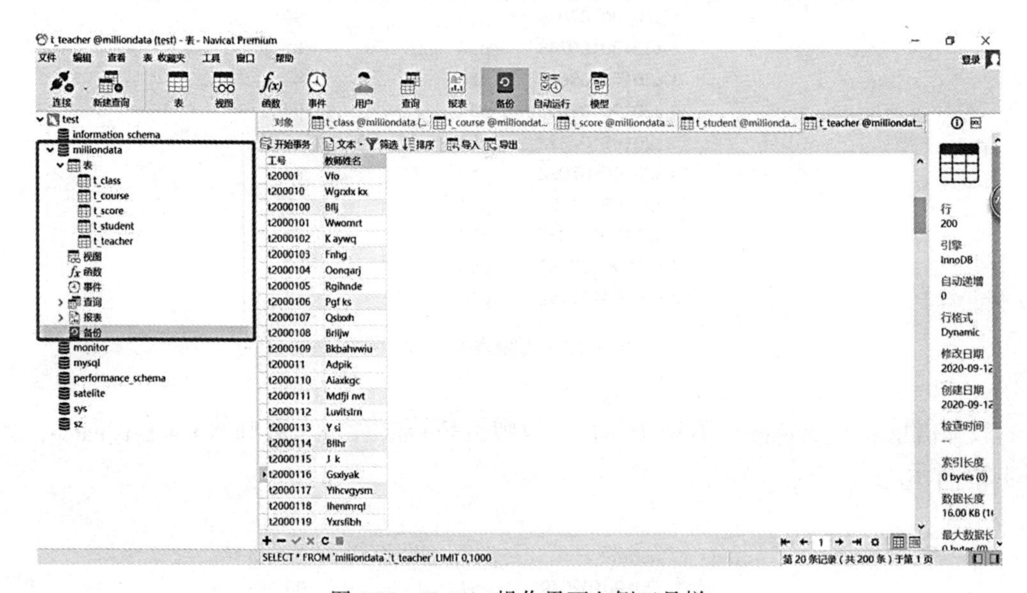

图 4-22　Navicat 操作界面左侧工具栏

4.4.1　表

对表(Tables)右键点击，会出现几个主要功能：新建表、导入向导和导出向导、运行 SQL 文件以及在数据库中查找等，如图 4-23 所示。实际操作中最常使用的是新建表及运行 SQL 文件两项功能。运行 SQL 文件在 4.3 节中已作介绍，在此不再赘述。

新建表功能实际上相当于直接在 Navicat 操作界面执行 CREATE TABLE 语句，不必自

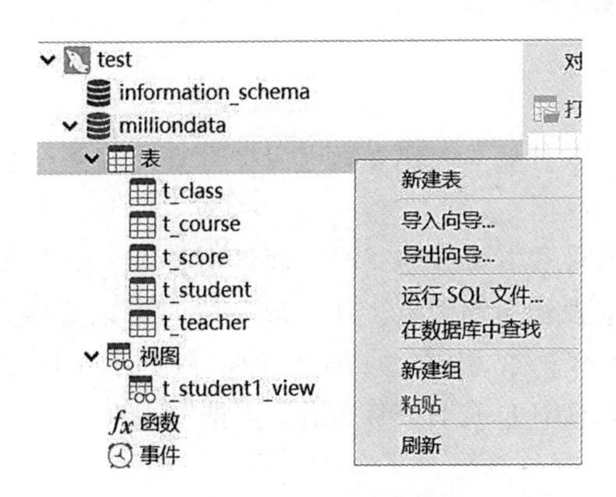

图 4-23　表(Tables)功能

行在 Navicat 上撰写 SQL 语句，仅需要在操作界面上填入字段名称、类型、长度、小数点、是否为空值(Null)、虚拟、主键、注释，就可以自动生成 SQL 语句，这种建立新表的操作十分方便快捷。

若需要在一表中添加、插入、删除字段，可以直接点选上方功能键，并在设定字段之后可以同时设定该表的索引(Indexes)、外键(Foreign Keys)、触发器(Triggers)、选项(Options)、注释(Comment)，如图 4-24 所示。若想查看新建表的所有设定，可以点选“SQL 预览”，确认新建表的结构之后，务必进行保存。

对象　* t_class @milliondata (test)...

保存　添加字段　插入字段　删除字段　主键　上移　下移

字段　索引　外键　触发器　选项　注释　SQL 预览

名	类型	长度	小数点	不是 null	虚拟	键	注释
班级编号	varchar	255	0	☑	☐	1	
年级	varchar	255	0	☐	☐		
班号	varchar	255	0	☐	☐		
		0	0	☐	☐		

图 4-24　新建表

新建表过程中，若该属性内容有汉字，建议将字符集选取为“utf8”，避免由于编码问题使数据产生乱码，设定字符集如图 4-25 所示。

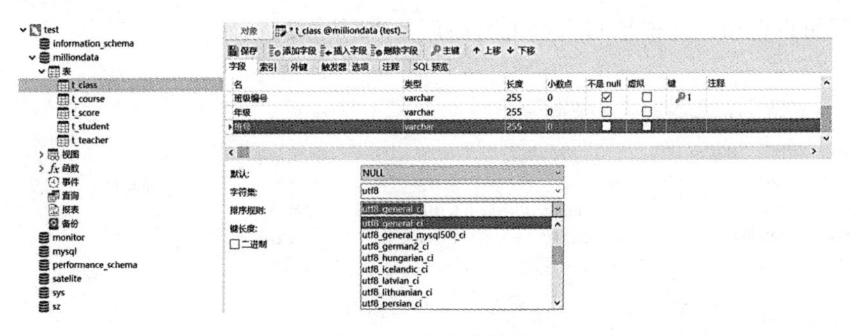

图 4-25　设定字符集

4.4.2　索引

当数据量较大时，可以对基本表建立索引以提升查询效率，通过表的指定列中数据值的指针，快速查找到目标数据。

在操作界面中必须填写索引名称和字段，而索引类型、索引方法和注释可选填，如图 4-26 所示。基于单一基本表建立索引时，在选取字段时可以直接点“…”(省略号)勾选表中字段，如图 4-27 所示。索引类型有 4 种：FULLTEXT、NORMAL、SPATIAL 和 UNIQUE。索引方法选择 BTREE 或 HASH，最后点选“保存”。

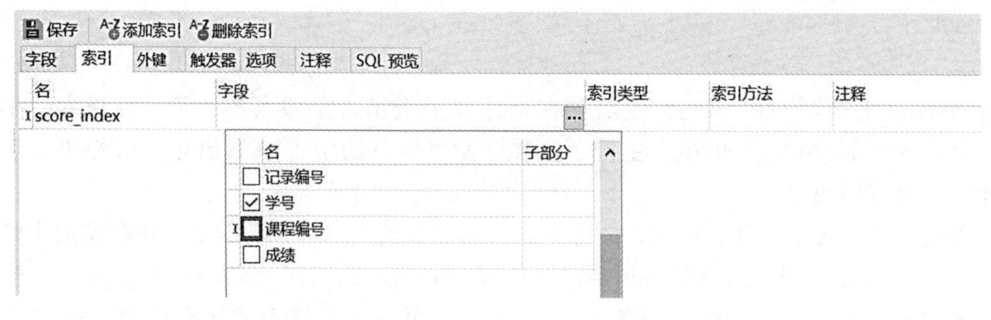

图 4-26　选取字段

保存　添加索引　删除索引

字段　索引　外键　触发器　选项　注释　SQL 预览

名	字段	索引类型	索引方法	注释
score_index	`学号`	UNIQUE	BTREE	

图 4-27　建立索引

4.4.3　外键

外键表示两个关系之间的联系，在操作界面上可以直接进行添加或删除外键的操作。在对外键进行操作时，需要填写外键名称、字段、参考模式、参考表、参考字段，而删除时和更新时可以选填，完成填写后点击“保存”，如图 4-28 所示。

保存　添加外键　删除外键

字段　索引　外键　触发器　选项　注释　SQL 预览

名	字段	参考模式	参考表	参考字段	删除时	更新时
f_key_id	学号	milliondata	t_student	学号		
f_key_cid	课程编号	milliondata	t_course	课程编号		

图 4-28　外键设定

4.4.4 触发器

触发器是在 MySQL 响应的限定语句之下，自动执行的一条 MySQL 语句，经常用于加强数据的完整性约束和业务规则。触发器可以在新建表过程中直接设置。在对触发器进行操作时，需要设置触发器名称，并明确规范触发器的时间节点是在处理之前(BEFORE)或之后(AFTER)。之后设置触发的活动，能触发的活动仅有 3 种：插入(INSERT)、更新(UPDATE)、删除(DELETE)。

图 4-29 是基于数据文件中的 t_student 表，设置名为 new_student 的触发器，选择触发动作为“插入”，该操作的含义为：在 t_student 表插入一条新数据之后，在 t_score 表自动插入一行新数据，并自动在该行中填入学号。

保存　添加触发器　插入触发器　删除触发器　上移　下移

字段　索引　外键　触发器　选项　注释　SQL 预览

名	触发	插入	更新	删除
new_student	AFTER	☑	☐	☐

定义

```
1  INSERT INTO t_score(学号) VALUES(new.学号)
```

图 4-29　触发器范例

设定完触发器后，进行保存。建议通过触发器测试来确认触发逻辑的正确性，避免后续自动触发导致大范围的数据错误。

简单测试流程如下：首先通过 SQL 语句在 t_student 表中插入一行学号为“s20202020”、学生姓名为“小敏”的新数据，成功插入该行数据后，点开 t_score 表查找触发所新增的行，若触发逻辑正确，则该行中已将学号填入，其余字段皆为“Null”。测试过程如图 4-30~图 4-32 所示。

该测试流程可以检验触发逻辑是否与需求相符合，若与需求不同，可以返回设定触发器的功能区进行修改。

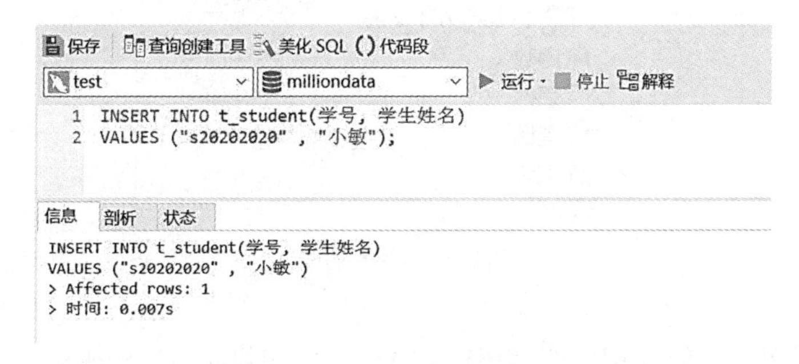

图 4-30　测试插入新数据

开始事务　文本 · 筛选　排序　导入　导出

学号	学生姓名	性别	班级编号
s20202020	小敏	(Null)	(Null)
s2019019	Qbvs	男	c32
s2019018999	Eeyga	男	c10
s2019018998	Smiu	女	c40
s2019018997	Rjhsdowyn	男	c83
s2019018996	Ygyanwe	女	c64
s2019018995	Atdgbskv	男	c86
s2019018994	Relceqeo	女	c92
s2019018993	Cctgkmub	男	c42
s2019018992	Umrvmbhmu	女	c63

图 4-31　t_student 表插入该条数据

记录编号	学号	课程编号	成绩
(Null)	s20202020	(Null)	(Null)

图 4-32　t_score 表触发新增带学号的新数据

4.4.5　视图

视图是一个虚拟表，可以展示查询的结果，它包含一系列带有名称的列和行数据。但视图不以数据值集合的形式存储于数据库。使用视图基于两种原因：首先是信息安全原因，利用视图可以隐藏一些数据；另外，视图可以使复杂的查询易于理解。

右键点击“视图”，可以看到几个功能：新建视图、导出向导、新建组、粘贴、刷新，如图 4-33 所示。其中，最常使用功能为新建视图。

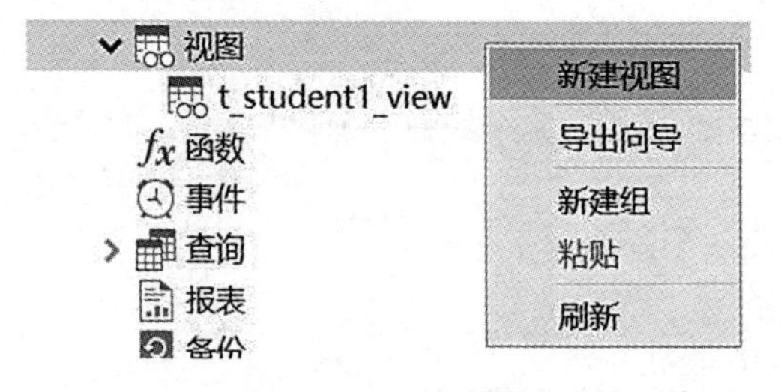

图 4-33　视图功能

点开新建视图后，按“CREATE VIEW... AS...”语句建立需要的视图，如图 4-34 所示，完成后可以点击“预览”进行确认，之后点击“保存”，即完成视图的创建。

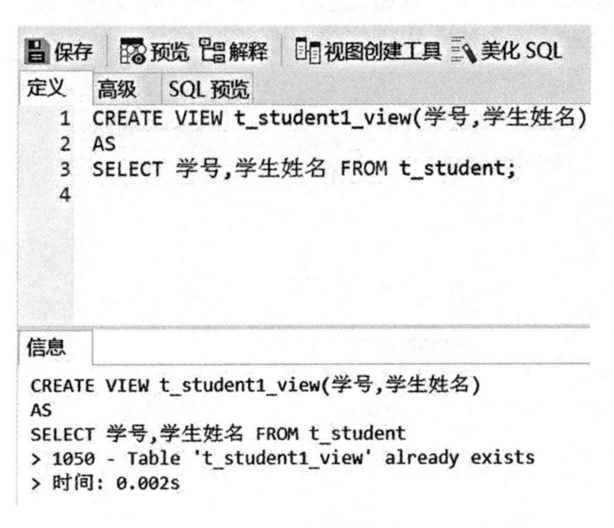

图 4-34　新建视图

已创建的视图可以从左侧的子功能导航栏中进行查看。右键点击某一视图，可以对该视图进行打开、设计、删除及设定权限的操作，也可以刷新视图，动态地获取最新视图，如图 4-35 所示。

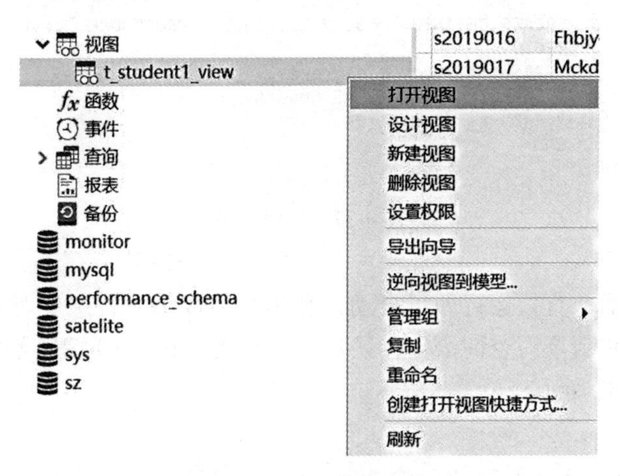

图 4-35　视图相关功能

子功能导航栏中的函数有两个分支功能：过程(Procedure)与函数(Function)。

4.4.6　过程

若将一系列动作建立在存储过程中，以后就可以轻松地在已规范的过程中处理，并保证数据完整性及一致性，因此在实际应用中经常使用过程。以下为过程使用的一个范例。

在函数向导中选择“过程”，如图 4-36 所示。之后会自动弹出语句框架，需要输入的内容仅包括过程名称及过程主体。现创建一个名为“test”的过程，如图 4-37 所示，其例行工作过程为查询平均成绩，创建完毕直接保存即可。

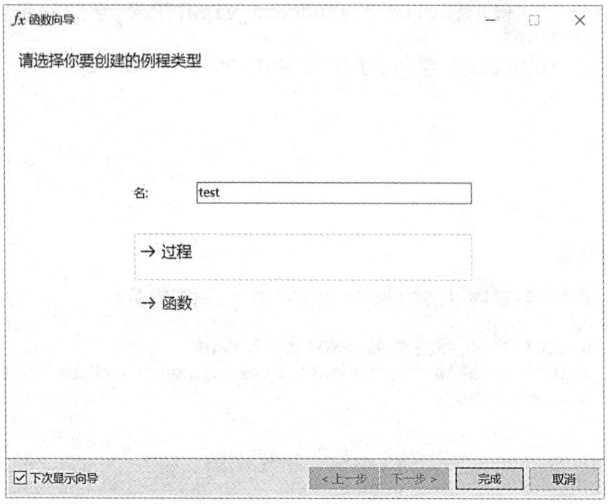

图 4-36　函数向导

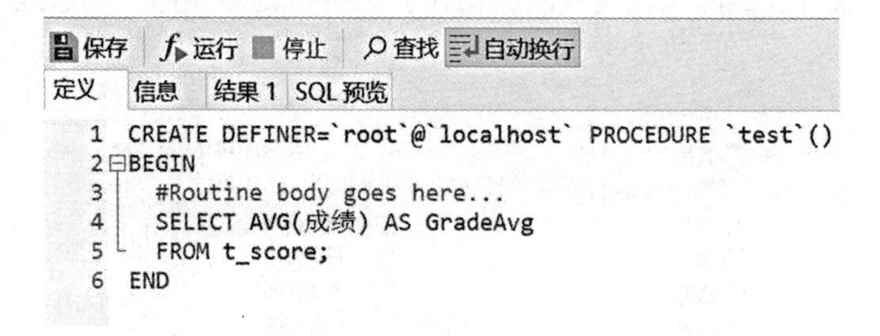

图 4-37　过程范例

创建此案例之后，直接运行即可自动计算出平均成绩。若想要对 t_score 表的学生成绩进行修改，无需重新撰写查询语句，只要回到函数下的 test 过程，便可快速获得最新的平均成绩，如图 4-38 所示。

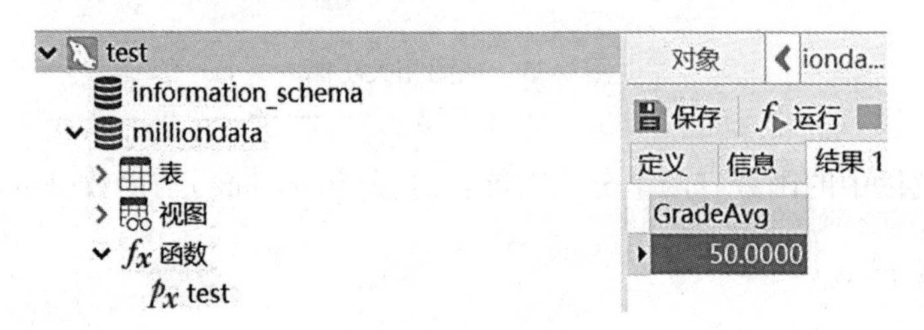

图 4-38　获得过程的结果

4.4.7 查询

数据库查询为数据库最基本、最常使用的功能，右击左侧子功能导航栏中“查询”的“新建查询”，即可开始撰写 SQL 语句。为了给使用者更好的语句撰写体验，操作界面上有美化 SQL 及代码段的功能，完成 SQL 语句书写后，点击“运行”，便会在下方直接展示查询信息、结果、剖析和状态等。若需要保留该 SQL 语句，则点击“保存”并选择保存位置。

在书写语句的同时，需要确认语句的执行对象是否为对应的数据库连接及数据库。在如图 4-39 所示的例子中，该段语句应运行于数据库连接 test 上的 milliondata 数据库上，执行两表的连接查询后，查询结果为学号为 s2019011 的学生成绩。

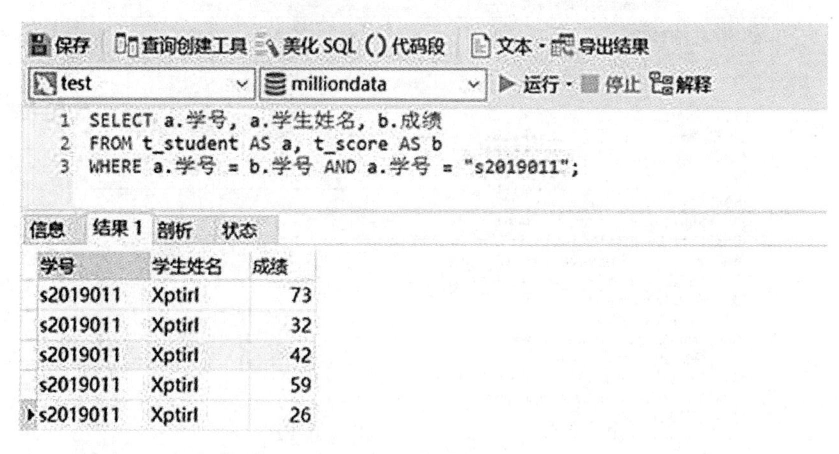

图 4-39 连接查询

查询时可以按需求撰写 SQL 语句，在如图 4-40 所示的范例中，使用 COUNT( ) 函数进行数据库查询总数。更多 SQL 语句功能使用，请翻阅本书第 3 章。

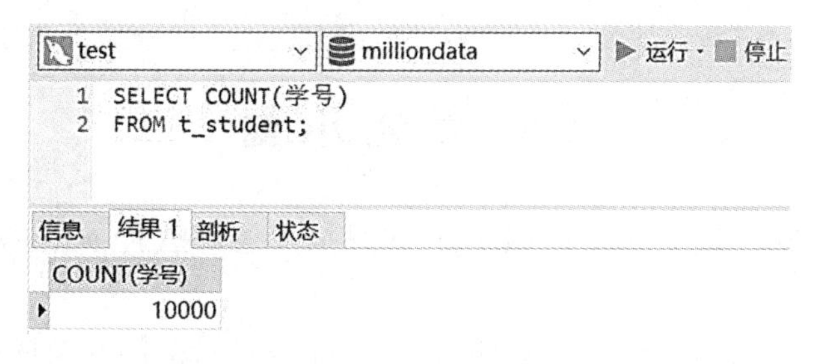

图 4-40 函数查询

4.4.8 备份

数据备份在数据库的使用中至关重要。若发生库中数据损坏、内部系统崩溃、计算机硬件损坏或者数据误删等事件时，可以通过备份快速解决问题。Navicat 提供快速新建备份功能，可以一键备份整个数据库，备份档名以时间为开头，如图 4-41 所示，这样有利于分辨备份文档的时间顺序。备份成功后的界面如图 4-42 所示。若发生数据库事故，只需点选“还原备份”。另外，若存储过多备份可以点击“删除”，仅保留近期的备份。

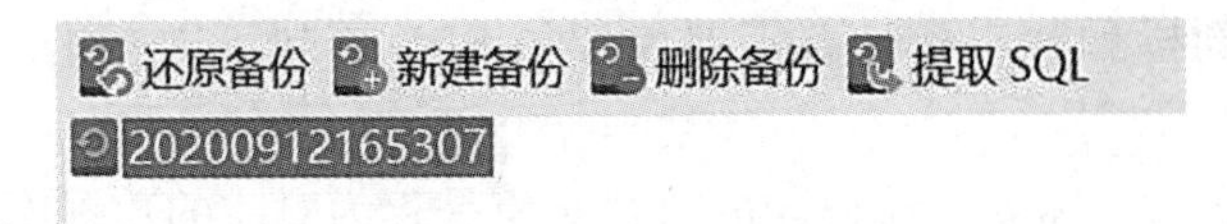

图 4-41　备份功能

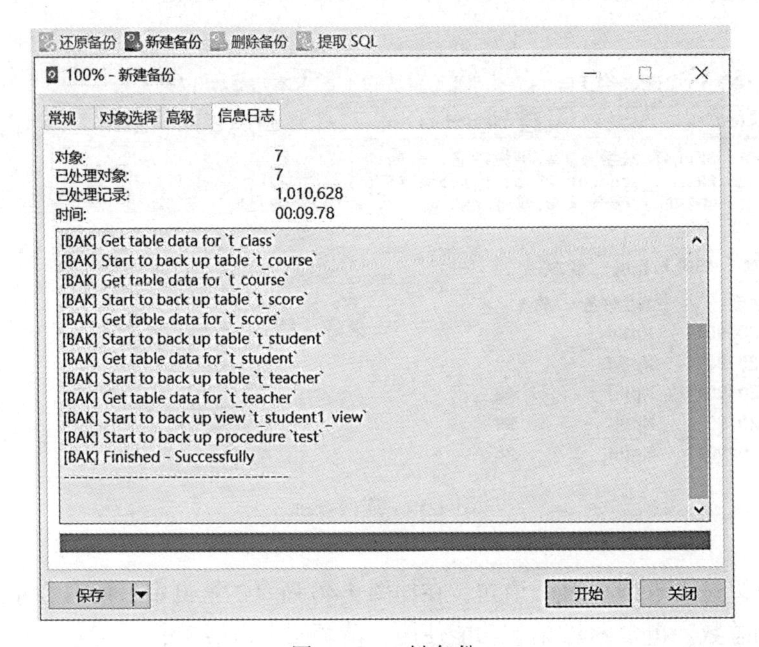

图 4-42　一键备份

4.5　本 章 小 结

本章主要介绍开源数据库软件 MySQL 和数据库管理软件 Navicat 两款产品的使用方法。

第一节和第二节中，分别介绍 MySQL 和 Navicat 两款产品的发展背景、特点以及简单的安装步骤，为后续的操作讲解打下基础。

第三节中，详细介绍 MySQL 数据库的数据导入操作步骤，以“学生成绩管理系统”的百万级数据文件为例，介绍具体操作如何实现。

在第四节中，详细介绍 MySQL 数据库的常用操作方法，主要介绍导航栏的功能中较为常用的几种功能，同样是以“学生成绩管理系统”为例，并结合软件截图和文字说明，指导读者做具体操作。

MySQL是目前学术界与中小企业常用的数据库，Navicat则是一个快速可靠的数据库管理工具。MySQL作为开源数据库，从其官方网站可以免费下载最新的版本以供学习使用，虽然它的版本会随着时间推移而不断更新，但基本安装步骤不会有较大变化，若出现了版本问题也可以在网上或操作手册寻求解决方法。Navicat for MySQL具有简洁的操作界面，可供用户进行建库、数据查询、数据优化等互操作，它简洁、快速的特点，使得其对数据库初学者非常友好，用户可以通过Navicat快速入门数据库基础。

通过本章的介绍，读者可以掌握MySQL和Navicat两款软件的安装配置方法、数据导入方法以及常用操作方法，为后续的数据库设计和数据库应用系统开发的实践作环境准备。

第5章　数据库设计

5.1　数据库设计概述

广义的数据库设计，是数据库及其应用系统的设计，即设计整个数据库应用系统；而狭义的数据库设计是设计数据库本身，即设计数据库的各级模式并建立数据库，是数据库应用系统设计的一部分。在本章中，重点讲解狭义数据库设计。当然，设计一个好的数据库与设计一个好的数据库应用系统是密不可分的，前者是后者应用系统建设的基础，特别在实际的系统开发项目中，两者更是紧密相关、相辅相成的。在本书第6章中会详细介绍数据库应用系统的设计和开发方法，并结合本章的数据库设计，给读者一个完整的案例参考。

5.1.1　数据库设计基础

数据库设计(Database Design)是指对一个给定的应用环境，构造最优的、最有效的数据库逻辑模式和物理结构，并据此建立数据库及其应用系统，使之能够高效地访问各类数据，满足各种用户的应用需求，是信息化中的基础设计。

一个成功的数据库从功能上来讲应该可以满足多种需求，能准确地表示业务数据，对最终用户操作的响应时间合理，存在最少的冗余数据或不存在，并且便于数据的检索和修改。而从用户使用和维护的角度，一个成熟的数据库应该仅需较少的数据库维护工作，具有有效的安全机制能确保数据安全，便于数据库结构的改进、数据的备份和恢复，并且数据库结构对最终用户透明。

1. 数据库设计的特点

数据库设计主要有下面两个特点：

(1)综合性，是指数据库设计涉及的知识面较广，不仅包含计算机专业知识，还要业务专业知识。另外，还有技术及非技术两方面的问题需要解决。

(2)数据库设计包括静态结构设计与动态行为设计两方面。静态结构设计是指数据库的模式框架设计，具体包括：

①语义结构设计，即概念设计；

②数据结构设计，即逻辑设计；

③存储结构设计，即物理设计。

动态行为设计是指应用程序设计，包括：

①功能组织，包括数据定义、组织、存储、管理和操作等功能；

②流程控制，包括条件语句与循环语句等，对数据库进行流程的控制。

2. 数据库设计基本原则

在数据库设计中要遵循下面三点基本原则。

1)一对一设计

数据库设计中不要存在多于一个导致类变更的原因，即一个类只负责一项职责，应该仅有一个引起它变化的原因。通过利用此原则能够尽量减少维护问题的出现，保证数据维护工作顺利开展，同时降低维护工作难度，提高数据库的可靠性、科学性、安全性以及自身性能。

2)独特命名

利用这一原则可以减少在数据库设计过程中出现重复命名和规范命名现象。通过应用此原则能够减少数据冗杂，维护数据一致性，保持各关键词之间存在必然相对应联系。

3)双向使用

双向使用原则包括事务使用原则和索引功能原则，事物使用原则是在逻辑工作单元模式基础上实现其表现形式的，能够及时更新、获取数据资源。索引功能原则的有效运用，使其获取更多属性列数据信息，并且对其做到灵活排序。

5.1.2 数据库设计步骤

数据库设计通常是在一个通用的 DBMS 支持下进行的，本章以关系数据库 MySQL 为基础讲解数据库设计步骤。数据库规范设计方法通常将数据库的设计分为 6 个阶段，如图 5-1 所示。下面依次介绍数据库设计的 6 个步骤。

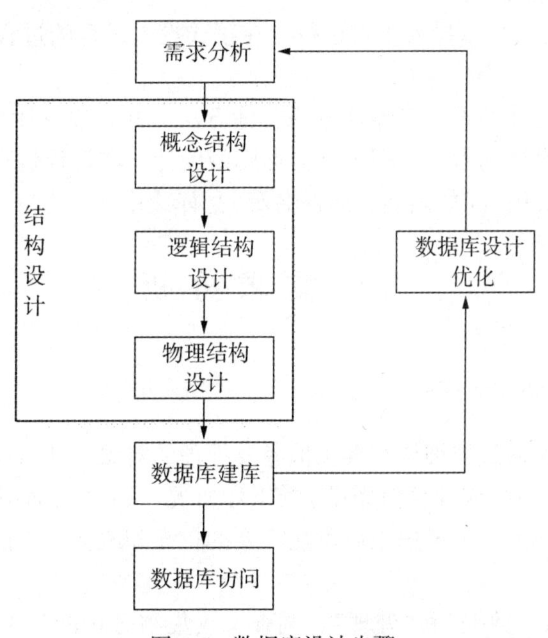

图 5-1 数据库设计步骤

1. 需求分析

需求分析，是收集和分析用户对系统的信息需求和处理需求，得到设计系统所必须的需求信息，建立系统设计说明文档，如分析业务流程、数据流程、数据体系和数据内容等。这是最困难和最耗时的一个步骤，此步骤是数据库设计的基础，如果需求分析出现问题，则可能导致整个数据库设计的过程都要重头做。

2. 概念结构设计

概念结构设计是数据库结构设计最基础的设计内容，也是整个数据库设计的关键。它通过对用户的需求进行综合、归纳与抽象，形成一个独立于具体 DBMS 的概念模型，其核心是提炼数据库实体，找出实体间的关系，并将结果用 E-R 图表示。

3. 逻辑结构设计

逻辑结构设计是在概念模型的基础上设计出一种 DBMS 支持的逻辑数据库模型（如关系型、网络型或层次型），该模型应满足数据库存取、一致性及运行等各方面的用户需求。对于关系型数据库而言，逻辑结构设计主要就是表及表结构的设计。

4. 物理结构设计

物理结构设计是从一个满足用户需求的已确定的逻辑模型出发，在限定的软、硬件环境下，利用 DBMS 提供的各种手段设计数据的存储结构和访问方法，一般包括数据编码设计、索引设计、存储设计和备份恢复等。

5. 数据库建库

数据库建库是指运用 DBMS 提供的数据语言及宿主语言，根据逻辑设计和物理设计的结果建立数据库，编制与调试应用程序，组织数据入库，并进行试运行。

6. 数据库访问及优化

DBMS 经过试运行后可以投入正式运行，在正式投入运行的过程中，必须不断地对其进行评估、调整与修改。

下面介绍数据库设计的 6 个步骤具体的实施方法，并且以学生成绩管理数据库为例，严格按照关系数据库设计的六大步骤进行数据库的设计。在设计过程中为了便于读者的理解，将应该使用的英文内容（如表名、属性名等）翻译成中文。

5.2　需求分析

5.2.1　需求分析的任务

需求分析的任务是通过详细调查现实世界要处理的对象，如组织、部门、企业等，来充分了解原系统（手工系统或计算机系统）的工作概况，通过明确用户的各种需求确定新系统的功能。新系统还要充分考虑以后可能需要的扩充和改变，不能仅仅按当前应用需求来设计数据库。

需求分析的重点是“数据”和“处理”，调查、收集与分析的目的是获得用户对数据库如下 3 个方面的要求。

(1)信息要求，是用户需要从数据库中获得何种内容与性质的信息。由信息要求可以导出数据要求，即在数据库中需要存储哪些数据。

(2)处理要求，是用户需要的数据处理功能，对处理性能的要求。

(3)安全性与完整性要求。

由于用户和数据库设计人员通常不具备对方的背景知识，因此确定用户的最终需求有时是一件很困难的事。一方面，由于用户缺少计算机知识，开始时无法确定计算机究竟能做什么，因此往往不能准确地表达自己的需求，或者所提出的需求不断变化。另一方面，设计人员缺少用户的专业知识，不易理解用户的真正需求，甚至误解用户的需求。因此设计人员必须不断深入地与用户交流，以逐步确定用户的实际需求。

5.2.2 数据字典

数据字典是在详细的数据收集和数据分析之后得到的对数据库中数据的描述，并非是数据本身，而是元数据。数据字典在数据库设计中占有很重要的地位，在数据库设计后续的过程中，数据字典会被不断完善、修改和充实。

数据字典中通常包括数据项、数据结构、数据流、数据存储和处理过程5个部分。数据字典是通过对数据项和数据结构的定义来描述数据流、数据存储的逻辑结构的。下面具体介绍数据字典的几个组成部分。

1. 数据项

数据项是一个不可再分的数据单位，对数据项的描述通常由以下内容组成：

数据项描述={数据项名称，数据项含义说明，别名，数据类型，长度，
取值范围，取值含义，与其他数据项的逻辑关系，数据项之间的关系}

2. 数据结构

数据结构反映的是数据之间的组合关系，一个数据结构可以由若干数据项组成，也可由其他数据结构组成，或是由若干数据项和数据结构混合组成。对数据结构的描述通常由以下内容组成：

数据结构描述={数据结构名称，含义说明，组成：{数据项或数据结构}}

3. 数据流

数据流是指数据结构在系统内传输的路径。对数据流的描述通常包括以下内容：

数据流描述={数据流名称，说明，数据流来源，数据流去向，
组成：{数据结构}，平均流量，高峰期流量}

4. 数据存储

数据存储是数据结构停留或保存的地方，也是数据流来源和去向之一。它可以是手工文档或手工凭单，也可以是计算机文档。对数据存储的描述通常包括以下内容：

数据存储描述={数据存储名称，说明，编号，输入数据流，输出数据流，
组成：{数据结构}，数据量，存取频度，存取方式}

其中，“存取频度”是指每小时、每天或每周存取次数及每次存取的数据量等信息；“存取方式”是指批处理还是联机处理，是检索还是更新，是顺序检索还是随机检索等；另外，“输入数据流”要指出其来源，“输出数据流”要指出其去向。

5. 处理过程

处理过程的具体处理逻辑一般可以用判定树或判定表来描述。但数据字典中只需要描述处理过程的说明性信息即可，通常包括以下内容：

处理过程描述={处理过程名称，说明，输入：{数据流}，输出：{数据流}，处理：{简要说明}}

5.2.3　设计案例

1. 功能需求

学生成绩管理数据库需要满足增加、删除、更新学生信息、课程信息、教师信息、成绩信息等，和查询学生、教师、课程基本信息以及学生选课情况、学生对课程的整体学习情况、班级平均分等功能。具体功能如下：

(1)查询出只选修了一门课程的全部学生的学号和姓名；

(2)查询各科成绩最高和最低的分；

(3)查询各个课程及相应的选修人数；

(4)按各科平均成绩从低到高和及格率的百分数从高到低排序；

(5)查询课程编号为 p3 且课程成绩在 80 分以上的学生的学号和姓名；

(6)查询所有学生的学号、姓名、选课数、总成绩；

(7)查询选修 Them 老师所授课程的学生中，成绩最高的学生姓名及其成绩；

(8)查询和 s2019012 号的学生学习的课程完全相同的其他学生的学号和姓名；

(9)检索 p9 课程分数小于 60，按分数降序排列的学生学号；

(10)查询学过 p54 课程并且也学过编号 p2 课程的学生的学号、姓名；

(11)查询学过 Them 老师所教的所有课的学生的学号、姓名；

(12)查询没学过 Eiye 老师讲授的任一门课程的学生姓名；

(13)查询各班级的男女人数；

(14)查询平均成绩大于 60 分的学生的学号和平均成绩；

(15)查询课程名称为“国民经济学”，且分数低于 60 的学生姓名和分数。

2. 数据需求

在功能需求分析的基础上，对现有数据现状进行分析，并在分析的基础上提出相关的数据需求，为下一步的系统设计提供基础。本例数据库中应包括 5 个表：学生表、教师表、班级表、课程表以及成绩表。5 个表中存储的具体数据需求如下：

(1) 学生的基本信息：学号、学生姓名、性别、班级编号。

(2) 教师的基本信息：教师姓名、工号。

(3) 班级的基本信息：班级编号、年级、班号。

(4) 课程的基本信息：课程编号、课程名称、教师工号。

(5) 成绩信息：记录编号、学生学号、课程编号、成绩。

在经过较为详细的分析和设计之后，可以得到一份数据字典，在此主要描述数据字典的数据项部分，主要分为数据项名称、含义说明、数据类型、长度、取值范围和取值含义六个部分的描述信息。并且将各个数据项按照其所属的基本表进行划分(表 5-1~表 5-5)。

表 5-1 学生信息数据项

数据项名称	含义说明	数据类型	长度	取值范围	取值含义
学号	唯一标识一个学生	VARCHAR	12	s00000000000~s99999999999	字母s代表学生，前四位数字代表该生入学年份，接下来的两位代表专业代码，最后五位数字代表该学生的编号(编号位数不够则补零)
学生姓名	标识学生的姓名	VARCHAR	6		
性别	表示学生性别	VARCHAR	1	{男，女}	
班级编号	标识学生所在班级编号	VARCHAR	3	c00~c99	字母c代表班级，后两位数字是班级的序号(位数不够则补零)

表 5-2 班级信息数据项

数据项名称	含义说明	数据类型	长度	取值范围	取值含义
班级编号	唯一标识一个班级	VARCHAR	12	c00~c99	字母c代表班级，后面的两位数字代表班级的序号(位数不够则补零)
年级	标识班级中学生所在年级	INT	1	0~9	
班号	学生班级编号	INT	1	0~9	

表 5-3 教师信息数据项

数据项名称	含义说明	数据类型	长度	取值范围	取值含义
工号	唯一标识一位教师	VARCHAR	8	t0000000~t9999999	字母t代表教师，前四位数字表示入职年份，后三位数字表示教师序号(位数不够则补零)
教师姓名	教师姓名	VARCHAR	20		

表 5-4　课程信息数据项

数据项名称	含义说明	数据类型	长度	取值范围	取值含义
课程编号	唯一标识一门课程	VARCHAR	3	p00～p99	字母 p 代表课程，两位数字代表课程序号（位数不够则补零）
课程名称	课程名称	VARCHAR	30		
工号	任课教师工号	VARCHAR	8	t0000000～t9999999	见表 5-3

表 5-5　成绩信息数据项

数据项名称	含义说明	数据类型	长度	取值范围	取值含义
记录编号	某成绩记录的编号	INT		0～100000	
课程编号	与课程信息表关联	VARCHAR	3	p00～p99	见表 5-4
学号	与学生信息表关联	VARCHAR	12	s00000000000～s99999999999	见表 5-1
成绩	学生该课程的得分	NUMBER		0～100	

5.3　概念结构设计

5.3.1　E-R 模型

在需求分析阶段得到的应用需求应该首先抽象为信息世界的结构，即概念模型，这样才能更准确地用数据库管理系统来实现这些需求。而描述概念模型的有力工具就是 E-R 模型。

E-R 模型是由 P. P. S. Chen(1976)提出的，它是用来描述现实世界的概念模型的。E-R 模型涉及的主要概念包括实体、属性、实体之间的联系等都已经在前面的章节中介绍过，指出了实体应该区分实体集和实体型，初步讲解了实体之间的联系。下面对实体之间的联系作进一步介绍，然后讲解 E-R 图的表示方法。

1. 实体之间的联系

实体内部的联系通常是指组成实体的各属性之间的联系，实体之间的联系通常是指不同实体型的实体集之间的联系。

1）两个实体型之间的联系

两个实体型之间的联系可以分为以下三种。

（1）一对一联系（1∶1）。

如果对于实体集 A 中的每一个实体，实体集 B 中至多有一个（也可以没有）实体与之联系，反之亦然，则称实体集 A 与实体集 B 具有一对一联系，记为 1∶1。

例如，学校里一个班级只有一个正班长，而一个班长只在一个班中任职，则班级与班长之间就是一对一联系。

（2）一对多联系（1∶n）。

如果对于实体集 A 中的每一个实体，实体集 B 中有 n 个实体（$n \geqslant 0$）与之联系，反之，对于实体集 B 中的每一个实体，实体集 A 中至多只有一个实体与之联系，则称实体集 A 与实体集 B 有一对多联系，记为 1∶n。

例如，一个班级中有若干名学生，而每个学生只在一个班级中学习，则班级与学生之间具有一对多联系。

（3）多对多联系（m∶n）。

如果对于实体集 A 中的每一个实体，实体集 B 中有 n 个实体（$n \geqslant 0$）与之联系，反之，对于实体集 B 中的每一个实体，实体集 A 中也有 m 个实体（$m \geqslant 0$）与之联系，则称实体集 A 与实体集 B 具有多对多联系，记为 m∶n。

例如，一门课程同时有若干个学生选修，而一个学生可以同时选修多门课程，则课程与学生之间具有多对多联系。

两个实体型之间的这三类联系可以用图 5-2 来表示。

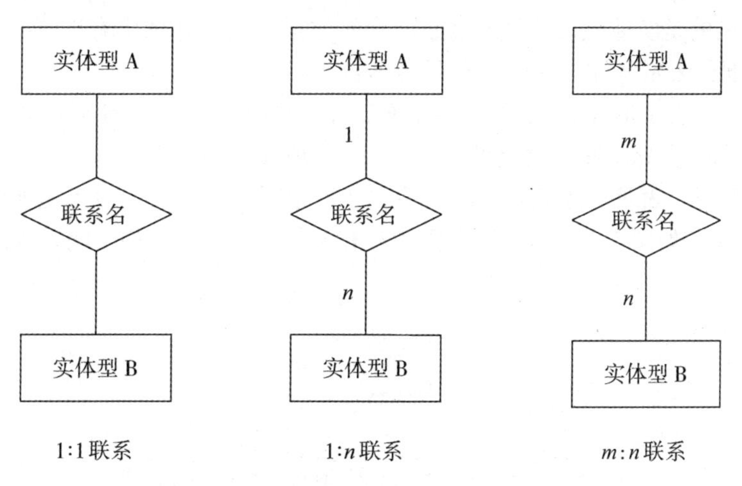

图 5-2　两实体间的三类联系

2）两个以上的实体型之间的联系

一般来说，两个以上的实体型之间也存在一对一、一对多和多对多联系。

例如，对于供应商、项目、零件三个实体型，一个供应商可以为多个项目提供多种零件，而每个项目可以使用不同供应商供应的零件，每种零件可以是由不同供应商供给的，由此可以看出供应商、项目、零件三者之间是多对多的联系，如图 5-3 所示。

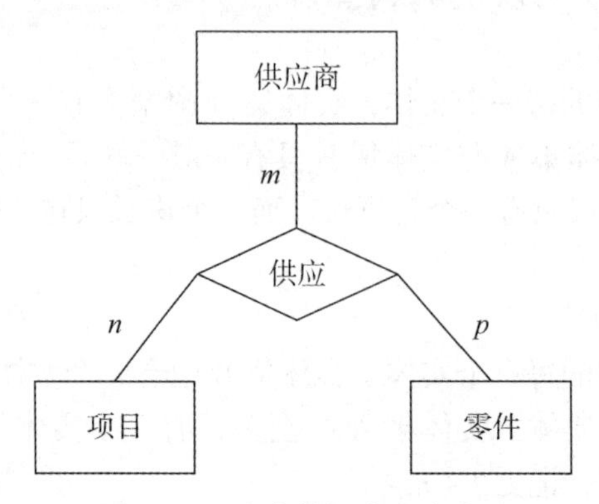

图 5-3　三个实体间多对多联系

3) 单个实体型内的联系

同一个实体集内的各实体之间也可以存在一对一、一对多和多对多的联系。例如，职工实体型内部具有领导与被领导的关系，即某一职工可以领导若干名职工，而一个职工只会被某一个另外的职工来领导，这是一个一对多的关系。

通常把参与联系的实体型的数目称为联系度。两个实体型之间的联系度为 2，也称为二元联系；三个实体型之间的联系度为 3，称为三元联系；则 N 个实体型之间的联系度为 N，也称为 N 元联系。

2. E-R 图

E-R 图提供的是实体型、属性和联系的表示方法。在 E-R 图中有以下 3 个成分：

(1) 矩形框：表示实体，在框中写明实体名。

(2) 菱形框：表示联系，在框中写明联系名，并用无向边分别与有关实体型连接起来，同时在无向边旁标注联系的类型(1∶1、1∶n 或 m∶n)。

(3) 椭圆形框：表示实体或联系的属性，在框中写明属性名。对于主属性名，则在其名称下画下划线。如图 5-4 所示，学生实体具有学号、姓名、性别、院系等属性，可用 E-R 图表示。

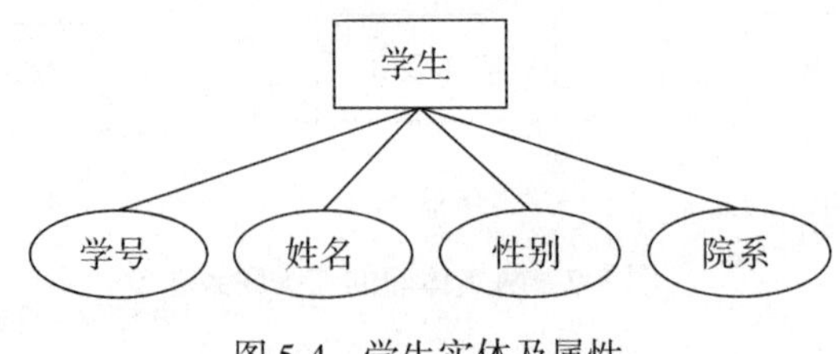

图 5-4　学生实体及属性

需要注意的是，若一个联系具有属性，则这些属性也要用无向边与该联系连接起来。用“供应商”来描述“供应”的属性，表示某供应商供应了多少数量的零件给某项目，那么这 3 个实体及其之间的联系的 E-R 图可以表示为图 5-5。

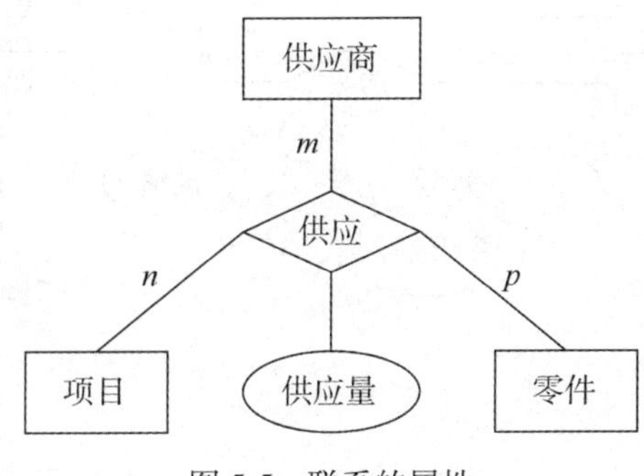

图 5-5　联系的属性

5.3.2　概念结构设计步骤

(1)确定实体类型和属性，这也是概念结构设计的关键步骤与基础，实体提炼与属性提取不正确是无法建立一个好的数据库的。

实体和属性之间没有严格的区别界限，但对于属性来讲，可以用下面的两条准则作为依据：作为属性必须是不可再分的数据项，也就是属性中不能再包含其他属性；属性不能与其他实体之间具有联系。

(2)确定实体间的联系，依据需求分析结果，考察任意两个实体类型之间是否存在联系，若有联系，则确定其类型(一对一、一对多或多对多)，接下来要确定哪些联系是有意义的，哪些联系是冗余的，并消除冗余的联系(冗余的联系是指无意义的或可以从其他联系导出的联系)。

(3) 确定了实体及实体间的联系后，可用 E-R 图描述出来。在设计好 E-R 图后，要重新比照现实世界与需求分析，不断优化完善 E-R 图。

E-R 图是数据库概念设计的核心，做出一个好的 E-R 图，为数据库之后的设计提供了保障。

5.3.3　设计案例

下面以学生成绩管理数据库为例，进行概念结构设计。

由需求及功能等可提炼出该数据库的实体及其属性，分别如下。

实体：学生。属性：学号、学生姓名、性别、班级编号。

实体：班级。属性：班级编号、年级、班号。

实体：教师。属性：工号、教师姓名。

实体：课程。属性：课程编号、课程名称、工号。

根据已有信息可得出实体间的联系：班级与学生之间是一对多关系，学生与课程之间是多对多联系，教师与课程之间是一对多关系。

根据以上分析可设计出学生成绩管理数据库的 E-R 图，如图 5-6 所示。

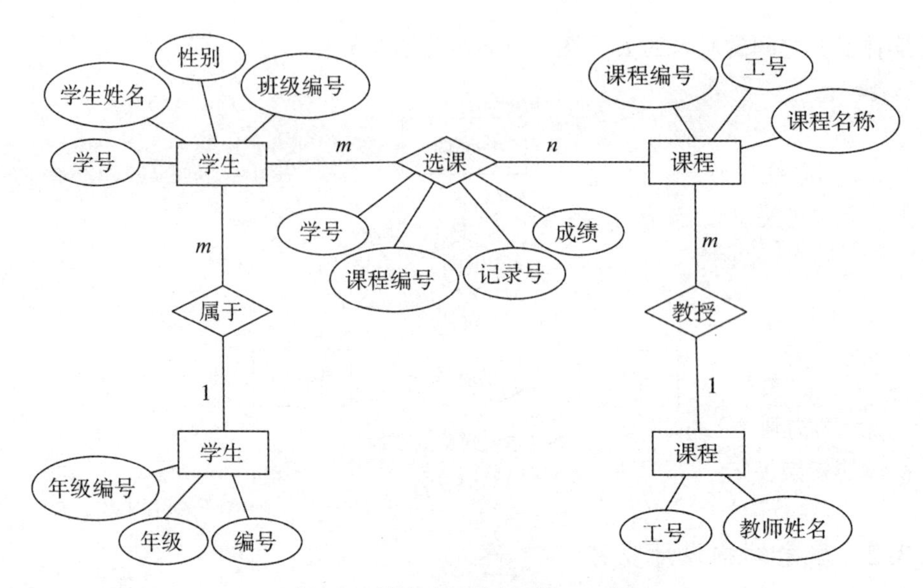

图 5-6　学生成绩管理系统 E-R 图

E-R 图在软件 Navicat for MySQL 里的体现如图 5-7 所示。

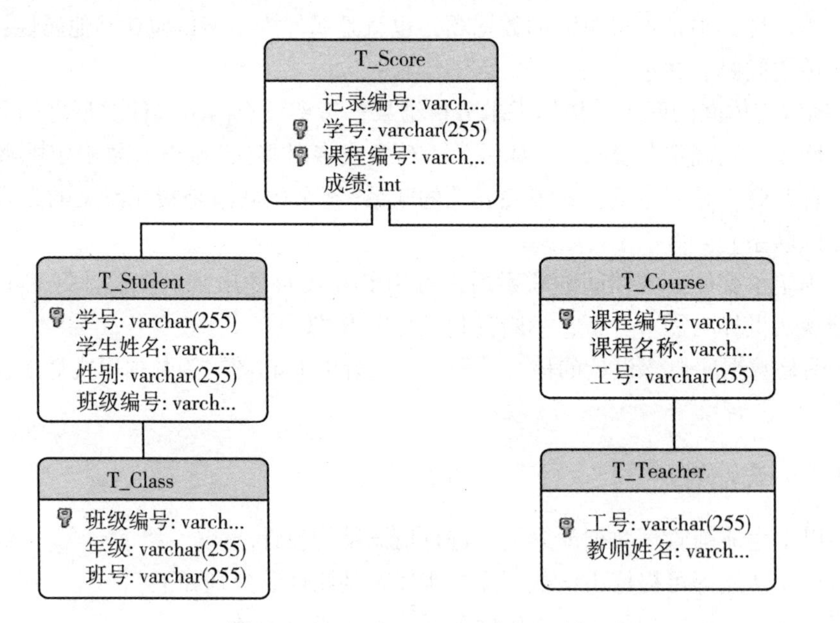

图 5-7　Navicat for MySQL 中 E-R 图

5.4　逻辑结构设计

逻辑结构设计的主要目标是将概念结构转换为一个特定的 DBMS 可处理的数据模型和数据库模式。目前，数据库应用系统都采用支持关系模型的关系数据库管理系统，因此本节中仅介绍 E-R 图向关系模型转换的原则与方法。

5.4.1 E-R 图向关系模型的转换

E-R 图向关系模型转换要解决的问题是，如何将实体型和实体间的联系转换为关系模式，如何确定这些关系模式的属性和码。

关系模型的逻辑结构是一组关系模式的集合。E-R 图则由实体型、实体的属性和实体型之间的联系三个要素组成，所以将 E-R 图转换为关系模型实际上就是将实体型、实体的属性和实体型之间的联系转换为关系模式。下面介绍转换的一般原则。一个实体型转换为一个关系模式，关系的属性就是实体的属性，关系的码就是实体的码。

在从概念结构到关系结构的转换过程中，有三大规则。

1. 实体的转换规则

将 E-R 图中的每一个常规实体转换为一个关系，实体的属性就是关系的属性，实体的码就是关系的码。

2. 实体间联系的转换规则

一个 1∶1 联系可以转换为一个独立的关系模式，也可以与任意一端所对应的关系模式合并。

(1)一个 1∶*n* 联系可以转换为一个独立的关系模式，也可以与 n 端所对应的关系模式合并。

(2)一个 *m*∶*n* 联系转换为一个关系模式。转换的方法为：与该联系相连的各实体的码以及联系本身的属性均转换为关系的属性，新关系的码为两个相连实体码的组。

(3)三个或三个以上实体间的多元联系转换为一个关系模式。

3. 关系合并规则

为了减少系统中的关系个数，如果两个关系模式具有相同的主码，可以考虑将它们合并为一个关系模式。合并的方法是将其中一个关系模式的全部属性加入另一个关系模式中，然后去掉其中的同义属性，并适当调整属性的次序。

5.4.2 设计案例

根据 E-R 图以及从概念结构到关系结构的转换规则，我们可以设计出学生成绩管理系统的各张表。

T_Student(学生表)(<u>student_id</u>，student_name，gender，class_id)，如表 5-6 所示，其示例如表 5-7 所示。

表 5-6 T_Student

序号	属性项名称	属性项含义	数据类型 (长度、小数位)	是否 为空	备注
1	student_id	学号	VARCHAR	否	主键，长度为 12
2	student_name	学生姓名	VARCHAR	否	

续表

序号	属性项名称	属性项含义	数据类型（长度、小数位）	是否为空	备注
3	gender	性别	VARCHAR(1)	否	
4	class_id	所在班级的班级编号	VARCHAR		外键

表 5-7　T_Student 示例

student_id	student_name	gender	class_id
s20190100023	李磊	男	c12
……	……	……	……

T_Teacher（教师表）（teacher_id，teacher_name），如表 5-8 所示，其示例如表 5-9 所示。

表 5-8　T_Teacher

序号	属性项名称	属性项含义	数据类型（长度、小数位）	是否为空	备注
1	teacher_id	教师工号	VARCHAR	否	主键，长度为 8
2	teacher_name	教师姓名	VARCHAR	否	

表 5-9　T_Teacher 示例

teacher_id	teacher_name
t2002011	王娜
……	……

T_Course（课程表）（course_id，course_name，teacher_id），如表 5-10 所示，其示例如表 5-11 所示。

表 5-10　T_Course

序号	属性项名称	属性项含义	数据类型（长度、小数位）	是否为空	备注
1	course_id	课程编号	VARCHAR	否	主键
2	course_name	课程名称	VARCHAR	否	
3	teacher_id	授课教师工号	VARCHAR	否	外键，长度为 8

表 5-11 T_Course 示例

course_id	course_name	teacher_id
p54	数据库原理	t2002011
……	……	……

T_Class(班级表)(class_id, grade, number),如表 5-12 所示,其示例如表 5-13 所示。

表 5-12 T_Class

序号	属性项名称	属性项含义	数据类型(长度、小数位)	是否为空	备注
1	class_id	班级编号	VARCHAR	否	主键
2	grade	年级	INT	否	
3	number	班号	INT	否	

表 5-13 T_Class 示例

class_id	grade	number
c12	2	4
……	……	……

T_Score(成绩表)(rowid, student_id, course_id, score),如表 5-14 所示,其示例如表 5-15 所示。

表 5-14 T_Score

序号	属性项名称	属性项含义	数据类型(长度、小数位)	是否为空	备注
1	rowid	记录编号	INT	否	
2	student_id	学号	VARCHAR(12)	否	外键,长度为 12
3	course_id	课程编号	VARCHAR	否	外键
4	score	成绩	NUMBER		

表 5-15 T_Score 示例

rowid	student_id	course_id	score
1	s20190100023	p54	98
……	……	……	……

5.5　数据库的物理设计

数据库系统是多用户共享的系统，对同一个关系要建立多条存储路径才能满足多用户的多种应用要求。物理结构设计的任务之一是根据关系数据库管理系统支持的访问方法确定选择哪些访问方法。

访问方法是一种可以快速存取数据库中数据的技术。数据库管理系统一般会提供多种访问方法，常用的有索引方法和聚簇(Clustering)方法，在本节中主要介绍索引方法。

5.5.1　索引

索引是为了加速对表中数据行的检索而创建的一种分散的存储结构。索引是针对表而建立的，它是由数据页面以外的索引页面组成的，每个索引页面中的行都会含有逻辑指针，以便加速检索物理数据。

建立索引可以加快数据的检索速度、加速表和表之间的连接，创建唯一性索引可保证数据库表中每一行数据的唯一性。在使用分组和排序子句进行数据检索时，可以显著减少查询中分组和排序的时间。

但是索引需要占物理空间，当对表中的数据进行增加、删除和修改的时候，索引也要动态地维护，这降低了数据的维护速度。因此在进行数据库设计过程中，需要结合索引的时间与空间效率，适当建立索引。

常用的索引有以下几类：

(1)普通索引，即没有唯一性等限制的索引。

(2)唯一索引，即不允许其中任何两行具有相同索引值的索引。

(3)聚簇索引，即表中行的物理顺序与键值的逻辑(索引)顺序相同的索引。需要注意的是一个表只能包含一个聚簇索引，且经常更新的表不适合增加聚簇索引。

5.5.2　设计案例

1. 建立索引

示例所使用的是 MySQL 中常用的索引：BTree 索引。

下面我们以学生成绩管理数据库为例添加索引：

在 T_Student 表中按学号建立唯一索引，其 SQL 语句为：

```
CREATE UNIQUE INDEX T_Student ON T_Student(student_id);
```

在 T_Teacher 表中按工号建立唯一索引，其 SQL 语句为：

```
CREATE UNIQUE INDEX T_Teacher ON T_Teacher(teacher_id);
```

在 T_Course 表中按课程编号建立唯一索引，其 SQL 语句为：

```
CREATE UNIQUE INDEX T_Course ON T_Course(course_id);
```

在 T_Course 表中按工号建立普通索引，其 SQL 语句为：

```
CREATE INDEX T_Course_teacher ON T_Course(teacher_id);
```

在 T_Score 表中按学号和课程编号建立普通索引，其 SQL 语句为：

```
CREATE INDEX T_Score_course ON T_Score(student_id,course_id);
```

按学号和成绩建立普通索引，其 SQL 语句为：

```
CREATE INDEX T_Score_score ON T_Score(student_id,score);
```

按学号建立普通索引，其 SQL 语句为：

```
CREATE INDEX T_Score ON T_Score(student_id);
```

在 T_Class 表中由于班级编号记录只有 100 条，数据量较小，可以不建立索引。

2. 数据编码

在数据库应用过程中，通过观察很容易发现数据库系统对汉字的匹配效率较低。为了优化查询效率，通常制定统一的规则以数字、字符等代替汉字，达到提高数据库读取效率的目的。

下面使用编码的形式对学号和工号组成各部分规定其含义。

(1)学号编码如图 5-8 所示。

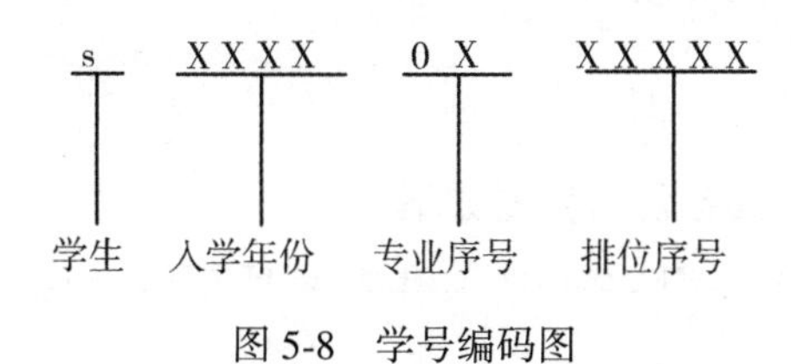

图 5-8 学号编码图

在上面的学号编码中：

①左起第一位表示身份，字符“s”表示学生。

②左起第二位到第五位表示入学年份，X 取值均为 0~9。

③左起第六位、第七位表示专业序号，第七位上 X 取值为 1~4，01 表示工科，02 表示理科，03 表示文科，04 表示医学。

④左起第八位到第十二位表示排位序号，第八位上 X 取值为 0 时，第九位到第十二位上 X 取值为 0~9，第八位上 X 取值为 1 时，第九位到第十二位上 X 均取零。

(2)工号编码如图 5-9 所示。

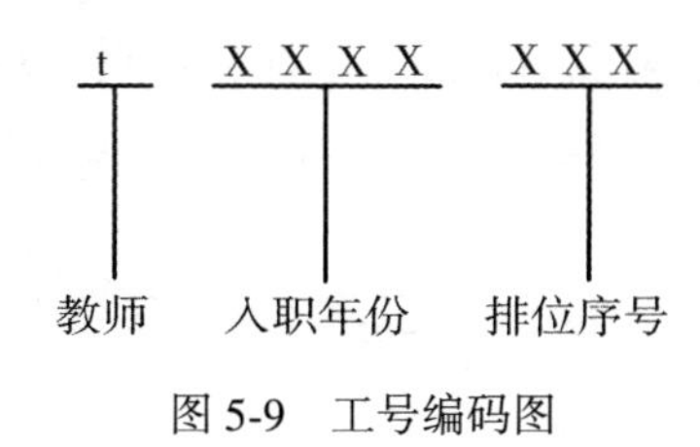

图 5-9 工号编码图

在上面的工号编码中：

①左起第一位表示身份，字符“t”表示教师。

②左起第二位到第五位表示入职年份，X 取值均为 0~9。

③左起第六位到第八位表示排位序号，X 取值范围为 0~9(若第六位与第七位均为 0，则第八位取值为 1~9)。

3. 备份恢复

只要发生数据传输、数据存储和数据交换，就会有可能产生数据故障，有时信息丢失造成的损失是无法估量的。因此数据备份和恢复就显得极为重要，是保证信息安全的一个重要手段。下面介绍表和数据库的备份和恢复的具体实现方法。

1)数据库中表的备份与恢复

表的备份：

```
SELECT * FROM 表名 into OUTFILE '存储路径'
FIELDS TERMINATED BY ','  (查询出来的字段用','隔开恢复的时候需要)
LINES TERMINATED BY '\n'；(每条记录用'\n'隔开)
```

表的恢复：

```
LOAD DATA INFILE '读取路径'
INTO TABLE 表名
FIELDS TERMINATED By ',';
```

以 T_Student 表为例，其备份与恢复如下：

```
SELECT * FROM T_Student into OUTFILE 'D:\\T_Student-T_Course database'
FIELDS TERMINATED BY ','
LINES TERMINATED BY '\n'
LOAD DATA INFILE 'D:\\T_Student-T_Course database'
INTO TABLE T_Student
FIELDS TERMINATED By ',';
```

2)数据库的备份与恢复

数据库的备份：

```
BACKUP DATABASE 数据库名称  TO DISK = '备份后文件存放路径';
```

数据库的恢复：

```
RESTORE DATABASE 目标数据库  FROM DISK='备份文件存放路径';
```

以 T_Student-T_Course (学生成绩管理数据库)为例，其备份与恢复如下：

```
BACKUP DATABASE  T_Student-T_Course  TO DISK = 'D:\\T_Student-T_Course database';
RESTORE DATABASE T_Student-T_Course  FROM DISK='D:\\T_Student-T_Course database';
```

5.6　数据库建库

数据库建库的主要任务是依据逻辑结构设计定义各基本表，并载入数据。下面就以学生成绩管理系统为例，介绍在 MySQL 中数据库建库的相关命令。

1. 定义基本表

定义 T_Class 表，其 SQL 语句如下：

```
CREATE TABLE T_Class
(class_id  varchar  PRIMARY KEY,
grade  int,
number  int
);
```

定义 T_ Student 表，其 SQL 语句如下：

```
CREATE TABLE T_Student
(student_id  varchar  PRIMARY KEY,
student_name  varchar UNIQUE,
gender  varchar(1),
class_id  varchar,
Foreign key (class_id) References T_Class(class_id)
);
```

定义 T_Teacher 表，其 SQL 语句如下：

```
CREATE TABLE T_Teacher
(teacher_id  varchar  PRIMARY KEY,
teacher_name  varchar  UNIQUE,
);
```

定义 T_Course 表，其 SQL 语句如下：

```
CREATE TABLE T_Course
(course_id  varchar  PRIMARY KEY,
course_name  varchar  UNIQUE,
teacher_id  varchar,
Foreign key (teacher_id) References T_Teacher(teacher_id)
);
```

定义 T_Score 表，其 SQL 语句如下：

```
CREATE TABLE T_Score
(course_id  varchar,
student_id  varchar,
score  int,
rowid  int
PRIMARY Key(student_id,course_id)
Foreign key (student_id) References T_Student(student_id)
Foreign key ('course_id') References T_Course(course_id)
);
```

2. 导入数据

下面向各表中用SQL语句导入一条数据作为示例：

向T_Class表中导入数据：

```
INSERT INTO T_Class (class_id,grade,number)
VALUES ('c10','2','4');
```

向T_Student表中导入数据：

```
INSERT INTO T_Student(student_id,student_name,gender,class_id)
VALUES ('s2019011','Tom','男','c10');
```

向T_Student表中导入数据：

```
INSERT INTO T_Student(student_id,student_name,gender,class_id)
VALUES ('s2019011','Tom','男','c10');
```

向T_Teacher表中导入数据：

```
INSERT INTO T_Teacher(teacher_id,teacher_name)
VALUES ('t200223','Jason');
```

向T_Course表中导入数据：

```
INSERT INTO T_Course(course_id,course_name,teacher_id)
VALUES ('p12','数据库原理及应用','t200223');
```

向T_Score表中导入数据：

```
INSERT INTO T_Score(rowid,student_id,course_id,score)
VALUES ('n13','s2019011','p12','95');
```

5.7 数据库访问及优化

每个查询都有许多可供选择的执行策略和操作方法，数据库的查询优化(Query Optimization)技术就是选择一个高效执行的查询处理策略。查询优化有许多方法，按照优化的层次一般可以将查询优化分为代数优化和物理优化。代数优化是指关系代数表达式的优化，即按照一定的规则，通过对关系代数表达式进行等价变换，改变代数表达式中操作的次序的组合，使查询执行更高效；物理优化则是值存取路径和底层操作算法的选择。选择的依据可以使基于语义的(Semantic Based)、基于规则的(Rule Based)或是基于代价的(Cost Based)。

实际的关系数据库管理系统中的查询优化器都综合运用了这些优化技术，以获得最好的查询优化技术。本节中，结合前面对于学生成绩管理系统的需求分析，使用SQL语言实现对某些复杂的查询步骤进行简要分析，并在某些需求实现过程中进行多种查询方法的效率比较。

优化查询通常需要注意以下几点：

(1)查询优化；

(2)合理使用索引；

(3)避免或简化排序(GROUP BY或ORDER BY)；

(4)消除对大型表行数据的顺序存取;

(5)避免相关子查询;

(6)避免困难的查询表达式;

(7)使用临时表加速查询;

(8)用排序来取代非顺序存取。

在不同的 DBMS 中查询效率会有所不同，因此在此说明：本节所有的结果是在 Windows10 操作系统、MySQL 5.7 版本和 Navicat for MySQL 11.1 版本下得出的。

下面是在学生成绩管理数据库中进行数据库访问及优化的示例，在这些查询中，当存在多种方法时，会对这些方法进行查询效率的比较，并详细分析效率较高的 SQL 语句，简要分析效率较低的 SQL 语句。

(1)查询出至少选修了两门课程的全部学生的学号和姓名。

①SQL 语句：

```
SELECT student_id,COUNT(course_id)AS 课程数
FROM T_Score
GROUP BY student_id
HAVING COUNT(course_id)>1;
```

②查询结果如表 5-16 所示。

表 5-16 至少选修了两门课程的全部学生的学号和姓名

student_id	课程数
s20160300990	100
s20160309900	100
……	……

③分析：查询时间约为 0.4 秒。

在 T_Score 表中单表查询即可，用学号分组，用 HAVING 限制输出条件。

(2)查询各科成绩最高分和最低分。

①SQL 语句：

```
SELECT course_id,MAX(score) AS 最高分,MIN(score) AS 最低分
FROM T_Score
GROUP BY course_id;
```

③查询结果如表 5-17 所示。

表 5-17 各科成绩最高分和最低分

course_id	最高分	最低分
p100	99	1

续表

course_id	最高分	最低分
p103	99	1
……	……	……

③分析：查询时间约为 0.3 秒。

在 T_Score 表中单表查询即可，需要用到聚集函数 MAX 与 MIN，并用课程编号分组。

(3)查询各个课程及相应的选修人数。

①SQL 语句：

- 查询方式一

```
SELECT A.NUM,T_Course.course_name
FROM (SELECT COUNT(student_id) AS NUM,course_id
FROM T_Score WHERE course_id IN (SELECT course_id FROM T_Course)
GROUP BY course_id) AS A
LEFT JOIN T_Course ON T_Course.course_id =A.course_id ;
```

- 查询方式二

```
SELECT T_Course.course_name,COUNT(1) AS NUM
FROM T _Score LEFT JOIN T _Course ON T _Score.course _id = T _
Course.course_id
GROUP BY T_Score.course_id;
```

- 查询方式三

```
SELECT course_name,COUNT( T_Score.student_id)AS NUM
FROM T_Score,T_Course
WHERE T_Score.course_id=T_Course.course_id
GROUP BY T_Score.course_id;
```

②查询结果如表 5-18 所示。

表 5-18　各个课程及相应的选修人数

course_name	NUM
印度语言文学	10000
欧洲语言文学	10000
……	……

③分析：三种方法的查询效率相近，时间均 3 秒左右。

其中，查询方式一采用了临时表扫描与左连接；查询方式二只采用了左连接；查询方式三采用了自然连接。

(4)按各科平均成绩从低到高和及格率的百分数从高到低排序。

①SQL 语句:

```
SELECT course_name,(AVG( score))AS 'AVG',
CONCAT(ROUND(100 * (SUM(CASE WHEN T_Score.score>=60 THEN 1
else 0 END)/SUM(CASE WHEN T_Score.score THEN 1 ELSE 0 END)),2))
AS'及格率(%)'
FROM T_Course,T_Score
WHERE T_Score.course_id=T_Course.course_id
GROUP BY  T_Score.course_id
ORDER BY AVG ( score )  ASC, ROUND ( 100  *  ( SUM ( CASE  WHEN  T _
Score.score>=60 THEN 1 else 0 END)/SUM(CASE WHEN T_Score.score THEN 1
ELSE 0 END)),2)DESC;
```

②查询结果如表 5-19 所示。

表 5-19　各科平均成绩从低到高和及格率的百分数从高到低排序

course_name	AVG	及格率(%)
建筑技术科学	49.9951	40.40
纺织化学与染整工程	49.9952	40.40
……	……	……

③分析:查询时间约为 2 秒。

根据题目可知,需要从选课表与课程表中得到课程名称与平均成绩以及及格率的信息,其中平均成绩需要用到聚集函数 AVG,百分率要用到新的知识(case when then,相当于 if 判断)。选课表与课程表两表之间通过课程号连接,并以课程号分组。在排序时先按照平均成绩升序,再按照及格率降序(即平均成绩在前,及格率在后)。

(5)查询课程编号为 p3 且课程成绩在 80 分以上的学生的学号和姓名。

①SQL 语句:

- 查询方式一

```
SELECT A.student_id,T_Student.student_name
FROM (SELECT student_id,score FROM T_Score WHERE course_id='P3'
GROUP BY student_id HAVING score > 80) AS A
LEFT JOIN T_Student ON T_Student.student_id=A.student_id;
```

- 查询方式二

```
SELECT DISTINCT T_Student.student_id,T_Student.student_name
FROM T_Student
WHERE student_id IN
(SELECT T_Score.student_id
```

```
FROM T_Score
WHERE T_Score.course_id='p3'
AND T_Score.score>80
);
```

②查询结果如表 5-20 所示。

表 5-20　课程编号为 p3 且课程成绩在 80 分以上的学生的学号和姓名

student_id	student_name
s20160309902	Meatm
s20160309909	Omdicxh
……	……

③分析：查询方式一所用时间约为 3 分钟，而查询方式二所用时间约为 0.3 秒，由此可见查询方式二的查询效率远高于查询方式一。

查询方式一采用 SELECT 临时表和学生表外连接，并用 HAVING 限制。

查询方式二首先在选课表中查询到选课为 p3 且成绩高于 80 的学号，然后在学生表中查询对应学号的学生信息。

(6)查询所有同学的学号、姓名、选课数、总成绩。

①SQL 语句：

- 查询方式一

```
SELECT
T_Score.student_id,T_Student.student_name,COUNT(T_Score.course_
id)AS 选课数,SUM(T_Score.score)AS 总成绩
FROM T_Score LEFT JOIN T_Student ON T_Score.student_id = T_
Student.student_id
GROUP BY T_Score.student_id;
```

- 查询方式二

```
SELECT T_Student.student_id,student_name,Coursenum.选课数,总成绩
FROM T_Student,
(SELECT student_id,COUNT(student_id) AS 选课数
FROM T_Score
GROUP BY student_id)AS Coursenum,
(SELECT SUM(score)AS 总成绩,student_id
FROM T_Score
GROUP BY student_id)AS total
WHERE T_Student.student_id=Coursenum.student_id
AND  T_Student.student_id=total.student_id
```

```
ORDER BY  Coursenum.选课数,total.总成绩;
```

②查询结果如表5-21所示。

表5-21　所有同学的学号、姓名、选课数、总成绩

student_id	student_name	选课数	总成绩
s20190103294	Lwejk	100	4951
s20190100642	Xutvps	100	4951

③分析：查询方式一所用时间约为4.5秒，而查询方式二所用时间约为1.5秒，由此可见查询方式二的查询效率略高于查询方式一。

查询方式一只采用了扫描全表的方式，并采用GROUP BY分组。

查询方式二从学生表中获取学生信息，从选课表中获取总成绩与选课数，其中使用聚集函数count，通过SELECT得到符合相应条件并含有相关信息的T_Score临时表再进行扫描。

(7)查询选修Them老师所授课程的学生中，成绩最高的学生姓名及其成绩。

①SQL语句：

- 查询方式一

```
SELECT T_Score.course_id,T_Student.student_name,T_Score.score
FROM T_Score LEFT JOIN T_Student ON T_Score.student_id = T_Student.student_id
WHERE T_Score.course_id IN
(SELECT T_Course.course_id FROM T_Course LEFT JOIN T_Teacher ON T_Course.teacher_id=T_Teacher.teacher_id WHERE teacher_name = 'THEM')
ORDER BY T_Score.score DESC LIMIT 3;
```

- 查询方式二

```
SELECT T_Student.student_name,T_Score.score
FROM T_Student,T_Score
WHERE  T_Student.student_id=T_Score.student_id
AND T_Score.course_id=
(SELECT course_id
FROM T_Course
WHERE teacher_id =
(SELECT teacher_id
FROM T_Teacher
WHERE teacher_name='Them'))
GROUP BY T_Student.student_id
ORDER BY score DESC LIMIT 3;
```

②查询结果如表 5-22 所示。

表 5-22　选修 Them 老师所授课程的学生中成绩最高的学生姓名及其成绩

student_id	score
Ctlqjtmgs	99
Suk yrxds	99
Wbybprjyl	99

③分析：查询方式一所用时间约为 0.6 秒，而查询方式二所用时间约为 0.2 秒，由此可见查询方式二的查询效率略高于查询方式一。

查询方式一采用一层嵌套与外连接(LIMIT 限制信息显示)。

查询方式二采用两层嵌套，首先筛选出 Them 老师的教师编号，再筛选出其授课课程号，然后进行连接，最后降序排列，选出成绩最高的学生用到了 ORDER BY 成绩 DESC LIMIT 1(LIMIT 限制信息显示)。

(8)查询和 s2019012 同学学习的课程完全相同的其他同学学号和姓名。

①SQL 语句：

- 查询方式一

```
SELECT T_Student.student_id,student_name
FROM T_Score LEFT JOIN T_Student ON T_Score.student_id = T_Student.student_id
WHERE T_Student.student_id IN (SELECT student_id FROM T_Score
GROUP BY student_id HAVING COUNT(student_id) =
(SELECT COUNT(1) AS A FROM T_Score WHERE student_id='s2019012'))
AND course_id IN (SELECT course_id FROM T_Score WHERE student_id = 's2019012')
GROUP BY student_id HAVING COUNT(course_id) = (SELECT COUNT(1) AS A
FROM T_Score WHERE student_id='s2019012');
```

- 查询方式二

```
SELECT student_id,student_name
FROM T_Student
WHERE student_id IN
(SELECT sc1.student_id FROM
T_Score sc1
LEFT  JOIN
(SELECT DISTINCT course_id FROM T_Score WHERE student_id = 's2019012')sc2
ON sc1.course_id=sc2.course_id
WHERE sc1.student_id<>'s2019012'
```

```
GROUP BY sc1.student_id
HAVING COUNT(sc1.course_id)=
(SELECT DISTINCT COUNT(course_id)
FROM T_Score
WHERE
student_id='s2019012')
AND COUNT(sc2.course_id)=COUNT(sc1.course_id) );
```

②查询结果如表 5-23 所示。

表 5-23 和 s2019012 同学学习的课程完全相同的其他同学学号和姓名

student_id	student_name
s20160300990	Ipxws
s20160309900	Ojsv
……	……

③分析：查询方式一所用时间约为 11.5 秒，而查询方式二所用时间约为 1.5 秒，由此可见查询方式二的查询效率高于查询方式一。

查询方式一采用了扫描全表的方式、外连接、嵌套查询、用 HAVING 语句限制条件的方式。

查询方式二采用两层嵌套，其中定义 T_Score 临时表 sc1 与 sc2 并以课程号相同为连接条件，用 HAVING 输出限制条件筛选出课程号相同的与课程数相同的，以学号分组加快查询速度。

(9)检索 p9 课程分数小于 60，按分数降序排列的同学学号。

①SQL 语句：

```
SELECT student_id
FROM T_Score
WHERE course_id='P9'
AND score<60
ORDER BY score DESC;
```

②查询结果如表 5-24 所示。

表 5-24 p9 课程分数小于 60，按分数降序排列的同学学号

student_id
s20190101291
s20190100597
……

③分析：所用时间为 0.5 秒。

在 T_Score 表中进行单表查询即可，筛选出课程为 p9 且分数为 60 的学生学号，并用 ORDER BY 进行降序排列。

(10)查询学过 p54 并且也学过编号 p2 课程的同学的学号、姓名。

①SQL 语句：

• 查询方式一

```
SELECT  A.student_id,T_Student.student_name
FROM (SELECT NEW_C.student_id AS student_id,COUNT (NEW_C.course_id) AS NUM  FROM  (SELECT student_id,course_id FROM T_Score WHERE course_id='P54' OR course_id='P2') AS NEW_C
GROUP BY NEW_C.student_id HAVING NUM=2) AS A
LEFT JOIN T_Student ON A.student_id=T_Student.student_id;
```

• 查询方式二

```
SELECT T_Student.student_id,student_name
FROM T_Student,
(SELECT T_Score1.student_id
FROM
(SELECT studcnt_id FROM T_Score WHERE course_id='p54')T_Score1,
(SELECT student_id FROM T_Score WHERE course_id='p2')T_Score2
WHERE T_Score1.student_id=T_Score2.student_id
)T_Score3
WHERE T_Student.student_id=T_Score3.student_id;
```

②查询结果如表 5-25 所示。

表 5-25　学过 p54 并且也学过编号 p2 课程的同学的学号、姓名

student_id	student_name
s20160300990	Ipxws
s20160309900	Ojsv
……	……

③分析：查询方式一所用时间约为 0.5 秒，而查询方式二所用时间约为 0.2 秒，由此可见查询方式二的查询效率略高于查询方式一。

查询方式一取出课程编号为 p1 和 p2 的课程，通过学号进行分组，根据 HAVING 来选择两门的学生，最后连表查询。

查询方式二首先筛选出课程号为 p54 与 p2 的 T_Score 临时表 T_Score1 与 T_Score2 并进行自然连接，得到只有选了两门课程学生学号的临时表 T_Score3，最后在学生表中进行筛选，提高了效率。

(11)查询学过 Them 老师所教的所有课的同学的学号、姓名。

①SQL 语句:

- 查询方式一

```
SELECT A.student_id,T_Student.student_name
FROM (SELECT T_Score.student_id
FROM T_Score
WHERE T_Score.course_id IN
(SELECT T_Course.course_id FROM T_Course LEFT JOIN T_Teacher ON T_
Course.teacher_id=T_Teacher.teacher_id
WHERE T_Teacher.teacher_name="THEM")
GROUP BY student_id) AS A
LEFT JOIN T_Student ON A.student_id=T_Student.student_id;
```

- 查询方式二

```
SELECT student_id,student_name
FROM T_Student
WHERE student_id IN
(SELECT student_id
FROM T_Score
WHERE course_id in
(SELECT course_id
FROM T_Course,T_Teacher
WHERE T_Course.teacher_id=T_Teacher.teacher_id
AND teacher_name='Them'));
```

②查询结果如表 5-26 所示。

表 5-26　学过 Them 老师所教的所有课的同学的学号、姓名

student_id	student_name
s20160300990	Ipxws
s20160309900	Ojsv
……	……

③分析：查询方式一所用时间约为 3 秒，而查询方式二所用时间约为 0.5 秒，由此可见查询方式二的查询效率高于查询方式一。

查询方式一连表查询课程和老师，并过滤出 Them 老师，查出选择 Them 老师课程的学号，然后关联学生姓名。

查询方式二采用两重嵌套，首先在 T_Course 表与 T_Teacher 表中筛选出 Them 教授课程的课程号，然后在 T_Score 表中筛选出对应课程号的学生学号。

(12)查询没学过 Eiye 老师讲授的任一门课程的学生姓名。

①SQL 语句：

- 查询方式一

```
SELECT student_name
FROM(SELECT A.student_id AS N_S_ID FROM
(SELECT student_id,course_id FROM T_Score) AS A
LEFT JOIN T_Course ON T_Course.course_id=A.course_id
WHERE T_Course.teacher_id NOT IN
(SELECT teacher_id FROM T_Teacher WHERE teacher_name="EIYE")
GROUP BY A.student_id ) AS B
LEFT JOIN T_Student ON T_Student.student_id=B.student_id;
```

- 查询方式二

```
SELECT student_id,student_name
FROM T_Student
WHERE student_id NOT IN
(SELECT DISTINCT student_id
FROM T_Score
WHERE course_id IN
(SELECT course_id
FROM T_Course
WHERE teacher_id =
(SELECT teacher_id
FROM T_Teacher
WHERE teacher_name='Eiye')));
```

②查询结果如表 5-27 所示。

表 5-27　没学过 Eiye 老师讲授的任一门课程的学生姓名

student_id	student_name
s20160300990	Ipxws
s20160309900	Ojsv
……	……

③分析：查询方式一所用时间约为 2 秒，而查询方式二所用时间约为 0.05 秒，由此可见查询方式二的查询效率远高于查询方式一。

查询方式一采用临时表、外连接和一层嵌套。

查询方式二采用三重嵌套，首先在 T_Teacher 表中筛选出 Eiye 教师号，然后在 T_Course 表中筛选出对应教师号的课程号，最后在 T_Score 表中筛选出对应的学号，最后在 T_Student 表中筛选出不是这些学号的学生对应的学号。

(13)查询各班级的男女人数。

①SQL 语句：

```
SELECT class_id,COUNT(CASE WHEN gender='男'THEN 1 END)AS 男
,COUNT(CASE WHEN gender='女'THEN 1 END)AS 女
FROM T_Student
GROUP BY class_id;
```

②查询结果如表 5-28 所示。

表 5-28　各班级的男女人数

class_id	男	女
c1	51	50
c2	50	51
……	……	……

③分析：查询时间约为 0.03 秒。

在 T_Student 表中单表查询即可，用 CASE(流程控制)语句将男、女情况分开，最后以班级编号分组，即可得出结果。

(14)查询平均成绩小于 60 分的同学的学号和平均成绩。

①SQL 语句：

- 查询方式一

```
SELECT T_Score.student_id,student_name,AVG(score)AS 平均成绩
FROM T_Score LEFT JOIN T_Student ON
T_Score.student_id=T_Student.student_id
GROUP BY T_Student.student_id
HAVING AVG(score)<60;
```

- 查询方式二

```
SELECT SCORE.student_id,SCORE.平均成绩
FROM (SELECT student_id,AVG(grade) as 平均成绩
FROM T_Score GROUP BY student_id
HAVING 平均成绩<60) as SCORE
LEFT JOIN T_Student ON SCORE.student_id=T_Student.student_id;
```

②查询结果如表 5-29 所示。

表 5-29　平均成绩小于 60 分的同学的学号和平均成绩

student_id	平均成绩
s20160309900	50. 0200
s20160309901	50. 2600
……	……

③分析：查询方式一的查询时间约为 9 秒，查询方式二的查询时间约为 0. 5 秒，由此可见查询方式二的查询效率高于查询方式一。

查询方式一查询学生的学号和成绩，然后用 AVG 函数求得同一学号的学生平均成绩，并用 HAVING 进行成绩的筛选。

查询方式二先通过分组将符合条件的数据取出并组成临时表 SCORE，再和 T_Student 表进行连接。

(15)查询查询课程名称为“国民经济学”，且分数低于 60 分的学生姓名和分数。

①SQL 语句：

- 查询方式一

```
SELECT T_Score.student_id,T_Student.student_name,T_Score.score
FROM T_Score,T_Student
WHERE T_Student.student_id=T_Score.student_id
AND T_Score.course_id=
(SELECT course_id
FROM T_Course
WHERE course_name='国民经济学')
GROUP BY T_Score.student_id
HAVING score<60;
```

- 查询方式二

```
SELECT A.student_id,T_Student.student_name,A.score
FROM (SELECT student_id,score
FROM T_Score
WHERE course_id=
(SELECT course_id
FROM T_Course
WHERE course_name='国民经济学')
HAVING score < 60) AS A
LEFT JOIN T_Student ON T_Student.student_id = A.student_id;
```

②查询结果如表 5-30 所示。

表 5-30　课程名称为国民经济学且分数低于 60 分的学生姓名和分数

student_id	学生姓名	score
s20170200917	Fotlytc	1
s20170209256	Ivqqmh	1
……	……	……

③分析：查询方式一的查询时间约为 0.3 秒，查询方式二的查询时间约为 0.02 秒，由此可见查询方式二的查询效率高于查询方式一。

查询方式一使用嵌套查询，先找出“国民经济学”对应的课程编号，与 T_Score 表自然连接，再与 T_Student 表自然连接，最后以学号分组并用 HAVING 限制输出条件。

查询方式二则通过 SELECT 语句与 HAVING 语句得出符合条件的临时表，再与 T_Student 表连接得出结果。

5.8　本 章 小 结

本章介绍了数据库设计的基本理论，并以学生成绩管理数据库为例进行了实践操作，在设计数据库基础上根据需求使用 SQL 语句完成了数据库具体功能的实现，并对一些查询语句作了优化分析。

第一节介绍数据库设计相关基础知识，包括数据库设计的特点、基本原则以及步骤，令读者对数据库设计有初步了解。

第二节到第六节详细介绍数据库设计的步骤，并通过实例展示辅助读者理解。通过本章的介绍，读者可以对需求分析、概念结构设计、逻辑结构设计、物理结构设计、数据库建库等数据库设计的基本步骤有充分的理解，并根据需求对设计的数据库进行分析，优化数据库的结构。另外，读者还能通过本章的学习掌握数据库设计的关键技能，如实体与属性的提取、E-R 图的设计、逻辑表的设计等。

第七节介绍的数据库访问以及查询优化也是一个重要内容。经过本节的学习，读者可以掌握如何在已设计好的数据库中高效地查询目标信息，通过合理地建立相应索引和改进查询语句等方法，提高数据库查询效率，优化查询方法。并能够在一定程度上将数据库中的数据用于实际，为之后的数据分析奠定基础。

第6章　数据库应用系统设计开发案例

6.1　学生成绩管理系统案例

目前，随着学校规模的不断扩大，学生人数不断增加，有关学生的各种信息量也成倍增长，尤其学生的考试成绩数据，涉及大量的数据处理，使得学校对学生成绩管理的工作量倍增。针对学生成绩管理工作量大、繁杂、人工处理费时费力以及容易出错等缺点，现在急需一套学生成绩管理信息系统来完成这项工作，以满足学校对学生成绩管理的需求。而对于复杂的信息管理，利用计算机辅助管理具有查询方便、可靠性强、存储量大、保密性好、寿命长、成本低等优点，能够大大减轻管理人员的工作量，实现学生成绩管理的自动化，进一步提高办学效益和现代化水平，实现学生成绩信息管理工作流程的系统化、规范化和自动化。

在教育部门中，学生成绩信息是基本的教学信息，因此建立相关信息管理系统是必要的，学生成绩信息管理系统可用于学生、教师、教学部门的信息共享和管理，以支撑教学活动正常、高效地进行。本章以建立学生成绩信息管理系统为例，利用数据库应用系统能够实现查询快捷、可靠性强、存储量大、保密性好、寿命长、成本低等效果，能够减轻管理人员的工作量，实现学生成绩管理的高效化、系统化、规范化和自动化，提高办学效益和现代化水平。

6.2　需 求 分 析

需求分析是指对要解决的问题进行详细的分析，弄清楚问题的要求，包括需要输入什么数据，要得到什么结果，最后应输出什么。具体在“学生成绩管理信息系统”软件工程当中的“需求分析”就是确定要应用系统“做什么”，要达到什么样的效果。需求分析是信息系统设计开发之前必需和关键的环节，一般而言系统设计的需求分析包括功能需求分析、数据需求分析、业务流程需求分析和其他需求等。

需要注意的是，本节中的需求分析是针对系统设计而言的，而第5章中的需求分析是对于数据库设计而言的，二者虽然在某些部分看起来有重复之处，但整体的设计思想和目的是不同的，且这两个部分的需求分析都是必要的。另外，本节系统设计中的数据需求部分与第5章数据库设计的需求分析中的数据需求是一致的，因此本节不再赘述。

6.2.1 功能需求

现基于第5章中设计获得的数据库，设计一个学生成绩管理信息系统，用于管理学生基本信息、教师基本信息、班级信息、课程信息和成绩信息，以满足教学管理的基本需求。

系统应由3个模块组成：教师模块、学生模块和管理员模块，各个子模块应具备如下功能。

1. 教师模块

(1)查询功能：教师可以查看自己授课的信息，包括课程编号、课程名称和工号，查询方式以教师工号进行快速查询。

(2)录入成绩功能：教师应具备录入学生成绩的功能。

2. 学生模块

(1)选课功能：允许学生根据自己的课程需求进行选课。

(2)查询功能：学生能够查看教师的基本信息，查询方式以教师工号进行查询；还可以查看所修课程的成绩信息，查询方式以学号进行查询。

3. 管理员模块

管理员能对学生基本信息和教师基本信息进行管理，具体功能需求如下：

(1)查询功能：管理员可以查看教师的基本信息，包括教师姓名和工号，查询方式以教师工号或教师姓名进行快速查询；还可以查看学生的基本信息，如学号、学生姓名、性别和班级编号等。

(2)添加功能：能够实现教师基本信息和学生基本信息的添加。

(3)删除功能：能够对教师信息和学生信息进行删除。

(4)修改功能：能够对教师信息和班学生信息进行修改。

4. 权限管理

系统登录应具备学生、教师和管理员三种登录权限，不同权限登录可进入相应的模块进行操作。

6.2.2 业务流程

业务或业务活动是对用户或组织的一切专业工作和活动的总称，通过前面的功能需求分析和数据需求分析，可以得到学生成绩管理系统的业务需求，并得到对应的业务流程。为了更加清晰地表达用户的需求和系统的功能，对业务流程进行分析并绘制业务流程图和用例图是很有必要的。

下面的示例是系统各个子模块的业务流程图和用例图。

(1)教师模块业务流程图和用例图如图6-1和图6-2所示。

从教师模块的业务流程图和用例图(图6-1、图6-2)可以看出，教师可完成两项功能：录入学生成绩以及查询授课信息。教师在登录系统后，需判断是否登录成功，若未登录成功，则回到登录界面操作，若成功，则可以对相应数据库进行修改或查询操作；在做完操作后，判断是否完成该操作，如果没有完成操作，就继续录入学生信息或继续查询授课信

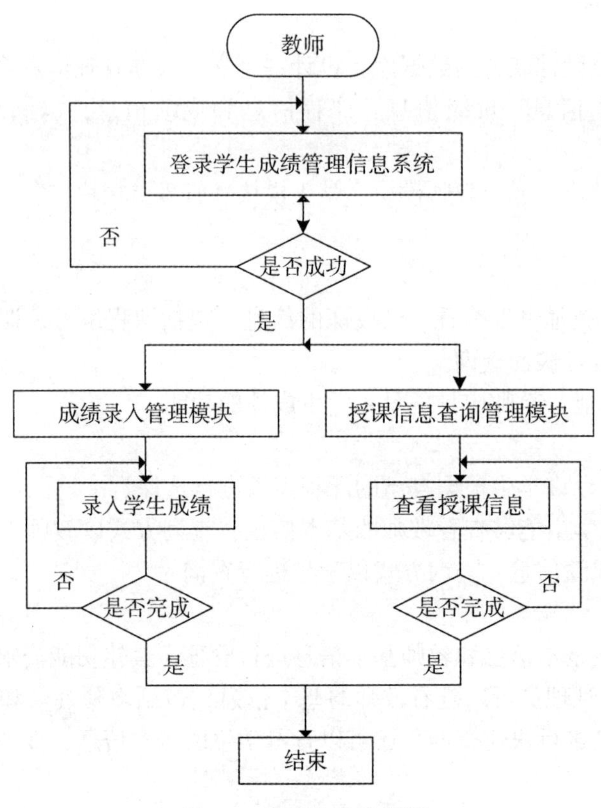

图 6-1　教师业务流程图

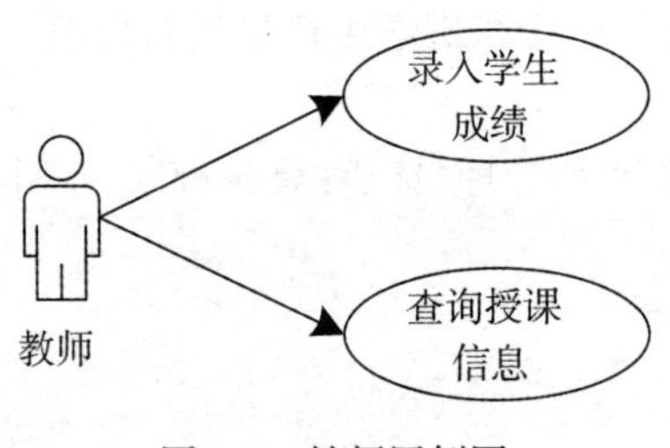

图 6-2　教师用例图

息，若确定操作完成便可以结束操作。

(2)学生模块业务流程图和用例图如图 6-3 和图 6-4 所示。

从学生模块的业务流程图和用例图(图 6-3、图 6-4)可以看出，学生可完成三种功能：查询教师信息、选课以及查询成绩信息。学生需首先进行登录，随后判断登录是否成功，若不成功，则重新登录，若成功，则可进行下面三种功能操作(查询教师信息、选课以及查询成绩信息)其中之一，并对相应数据库进行查询或修改操作；再对操作是否结束进行判断，若操作未完成，则继续操作，操作完成，则可选择结束并退出。

(3)管理员模块业务流程图和用例图如图 6-5 和图 6-6 所示。

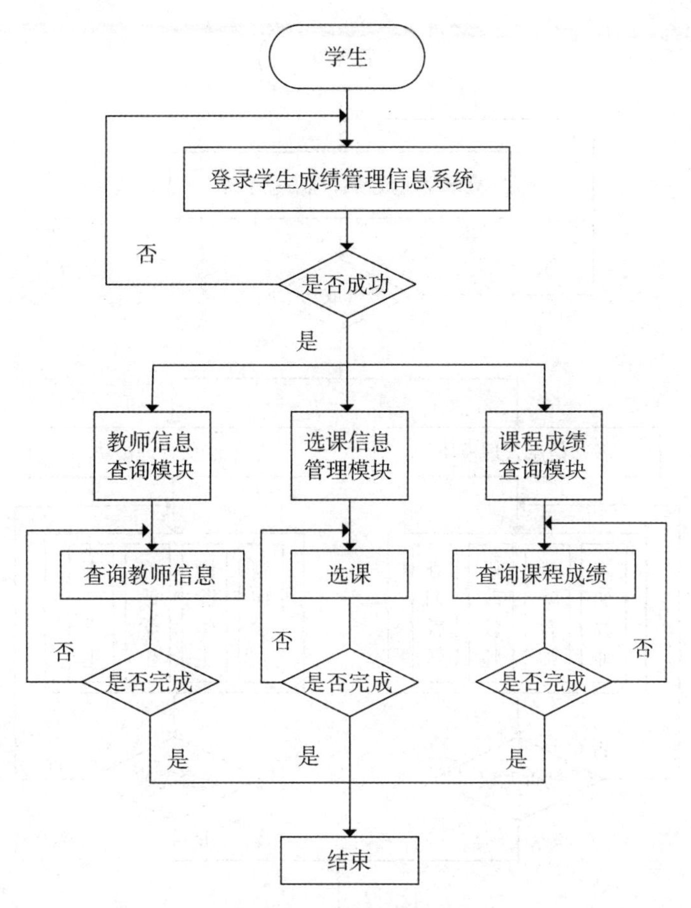

图 6-3 学生业务流程图

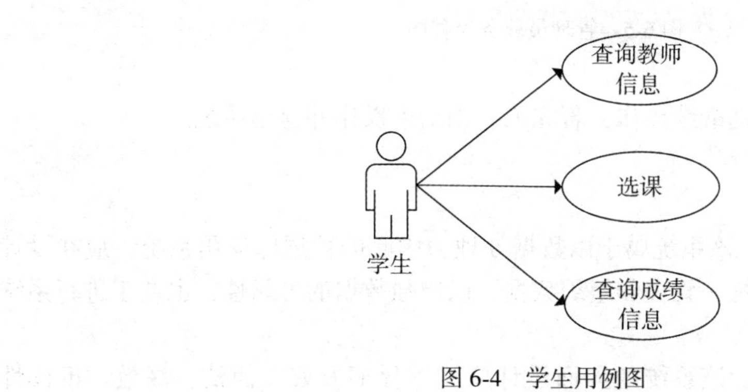

图 6-4 学生用例图

从管理员模块的业务流程图和用例图(图 6-5、图 6-6)可以看出，管理员进入系统后首先进行登录操作，登录失败，则重新登录，登录成功，则继续选择所需进行的操作。管理员在此系统中可以完成的操作包括添加教师、删除教师、修改教师、查询教师、添加学生、删除学生、修改学生和查询学生，在进行了上述某种或某几种操作之后，管理员判断

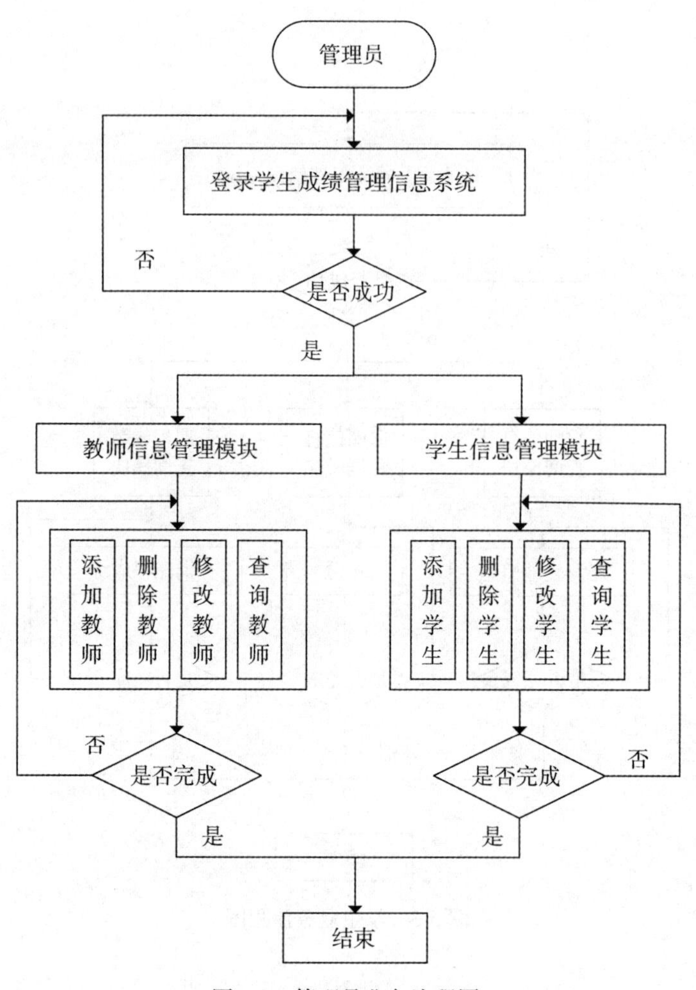

图 6-5　管理员业务流程图

操作是否完成，若未完成，则继续操作，若完成，则结束操作并退出系统。

6.2.3　其他需求

(1)系统应具有可靠性。该系统属于以数据处理为中心的数据库应用系统，应在设计应用程序之前先通过数据库统一管理和组织数据，以增强数据的可靠性，也便于进行系统开发。

(2)系统具有易操作性。该系统的界面设计应注重界面友好、简洁、高效、可读性强、实用性强和人性化特点，统一界面风格。

(3)系统具有可维护性。由于系统涉及信息较广，数据库中的数据需要定期修改，系统可利用的空间及性能也随之下降，为了使系统更好地运转，可对系统数据及一些简单的功能进行独立的维护和调整。

(4)系统环境配置和开发工具。对于本例数据库系统应用系统，分别使用 C/S 和 B/S

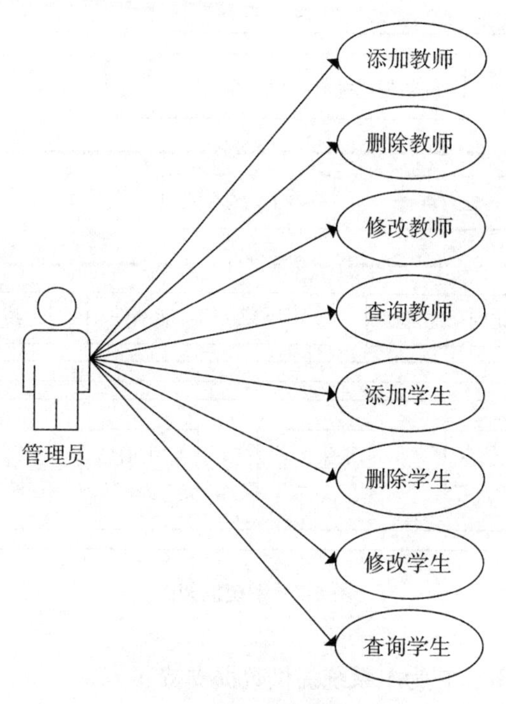

图 6-6 管理员用例图

架构进行开发，C/S 使用 Visual Studio 2019(C#)在 Window 环境下结合 MySQL 数据库进行客户端的开发，B/S 使用 Node. js 搭建网络服务器，Vue 开发基于 MySQL 数据库的 Web 应用程序。

6.3 总体设计

数据库应用系统的总体设计主要包括应用系统框架设计、应用系统功能设计和数据库设计三个部分。其中，数据库设计在第 5 章中已经详细介绍过，在本节中不作赘述，但读者需了解总体设计的构成中包括了数据库设计。

6.3.1 应用系统框架设计

数据库应用程序是使普通用户能够添加、修改、删除和查询数据库中数据的应用程序。它一般包括三个部分：一是应用程序提供数据的后台数据库；二是实现与用户交互的前台界面；三是实现具体业务逻辑的组件。

学生成绩管理信息系统的系统框架图如图 6-7 所示。

从图中可以看出，系统总体结构划分为三层，分别是数据层、通用组件层和学生信息管理应用层。

1. 数据层

数据层由应用系统需要存储、处理的各类基本信息数据组成，如学生的课程信息、班

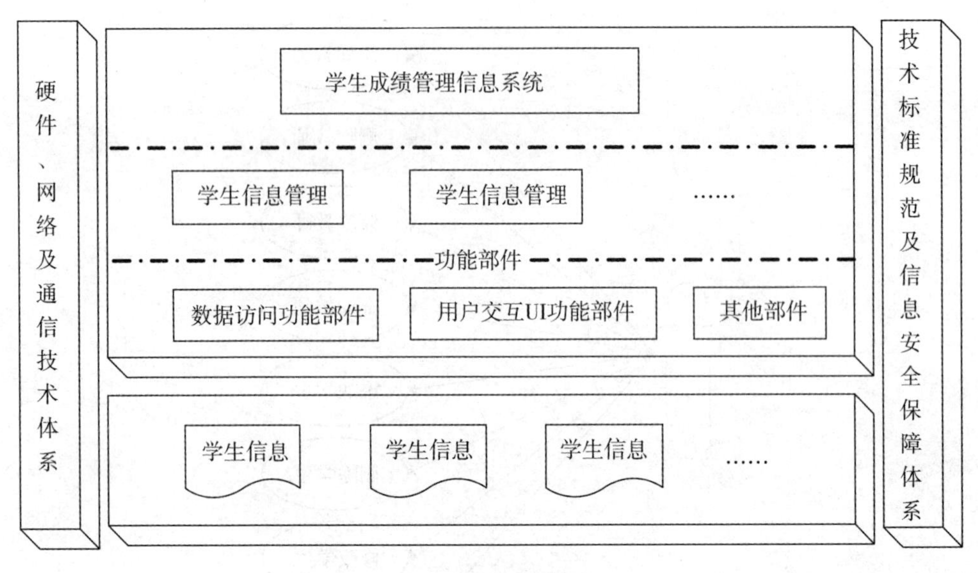

图6-7　系统框架图

级信息、课程成绩信息等，它为本系统提供数据支持。

2. 通用组件层

通用组件层是应用系统的核心应用组件集合，提供应用系统各个子应用的模块和接口。通用组件层把系统的各个功能模块抽取独立，避免各个子模块发生冲突。该层构成了应用系统的应用服务平台，是系统资源的管理者，也是服务的提供者，是业务应用的重要支撑部分。

3. 信息系统管理应用层

该层是直接面向学生、教师、管理员三种角色提供信息管理服务的，主要是对学生基本信息、班级信息、教师信息、成绩信息等进行增加、删除、修改、查询和分析等功能。

考虑到该系统建设的目标和功能要求，采用客户端/服务器(C/S)和浏览器/服务器(B/S)两种系统架构进行开发，系统设计与开发采用面向对象的软件工程方法，包括面向对象的分析方法、面向对象的编程技术、数据库技术和Web技术等，实现一个用户界面友好、方便易用的数据库应用程序。系统的技术路线如图6-8所示。

6.3.2　应用系统功能设计

根据用户需求分析，设计如图6-9所示的学生成绩管理信息系统，下面对系统总体功能进行概括说明。

根据用户的需求，“学生成绩管理信息系统”应对5个数据库信息表进行管理，它们分别是：学生表、教师表、班级表、课程表和成绩表。系统应用程序运行后出现“欢迎登录学生成绩管理信息系统”界面，用户输入用户名和密码进行登录。

登录系统后，按用户角色可以进行如下功能操作。

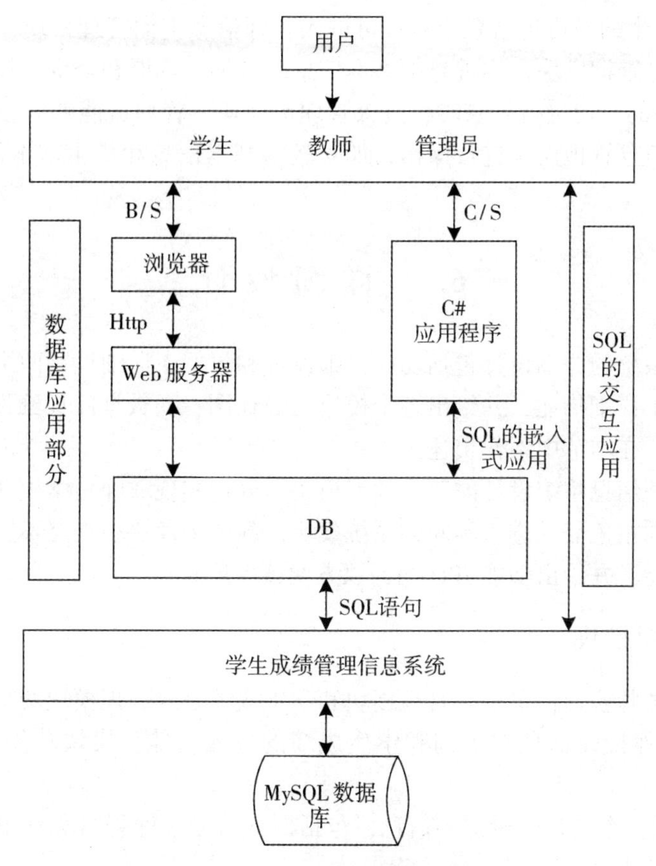

图 6-8 系统的技术路线图

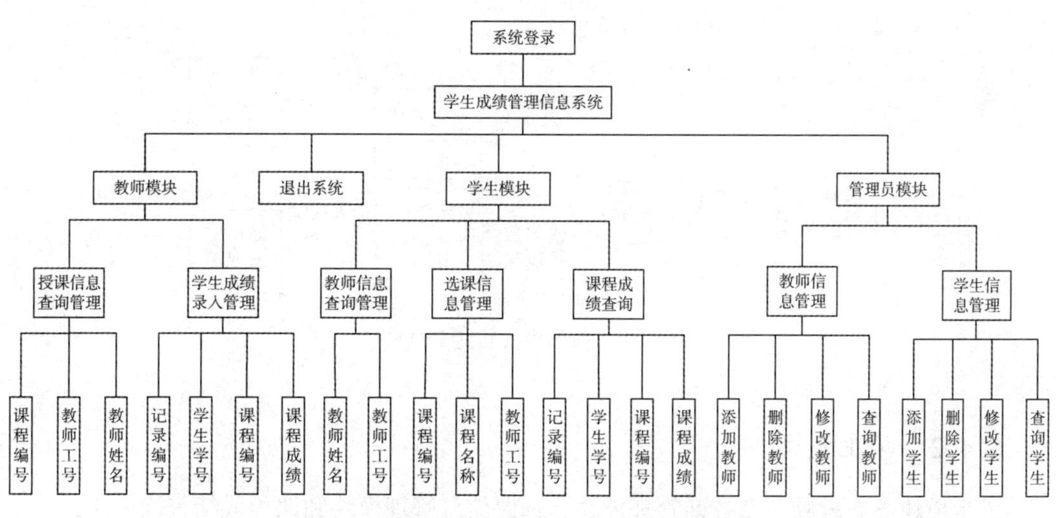

图 6-9 学生成绩管理信息系统总体功能设计

(1)当以教师的身份进行登录时，系统进入教师模块，教师可操作授课信息查询模块和学生成绩信息管理模块，实现授课信息查询和录入学生成绩的需求。

(2)用户以学生的身份进行登录时，可进入教师信息查询管理模块、选课信息管理模块和课程成绩信息查询模块，实现教师基本信息的查询、选课和查询所修课程成绩。

(3)以管理员的身份进行登录时，进入管理员模块，管理员能够对教师基本信息管理模块和学生基本信息管理模块进行操作，如对教师基本信息和学生基本信息增加、删除、修改和查询。

6.4 详细设计

数据库应用系统的详细设计包括功能详细设计和数据库详细设计两个部分，其中对功能详细设计进行了详细描述，并给出各个模块的IPO图；而数据库详细设计部分在第5章已经详细描述过，在本节中不作赘述。

学生成绩管理信息系统设计的三个功能模块，分别实现教师、学生和管理员三个角色的功能需求，不同角色登录进入不同的系统模块，各个子模块独立互不影响，下面详细介绍各个模块的功能，并给出功能IPO图，以方便读者理解。

6.4.1 教师模块

教师模块由教师授课信息查询管理模块和学生成绩录入管理模块两个子模块组成，主要功能是实现教师授课信息的查询和学生成绩的录入功能，模块功能IPO图如图6-10所示。

(1)查询功能：查看自己授课的信息，包括课程编号、课程名称和工号，查询方式以教师工号进行快速查询。

(2)录入成绩功能：录入学生所修课程的成绩，如图6-10所示。

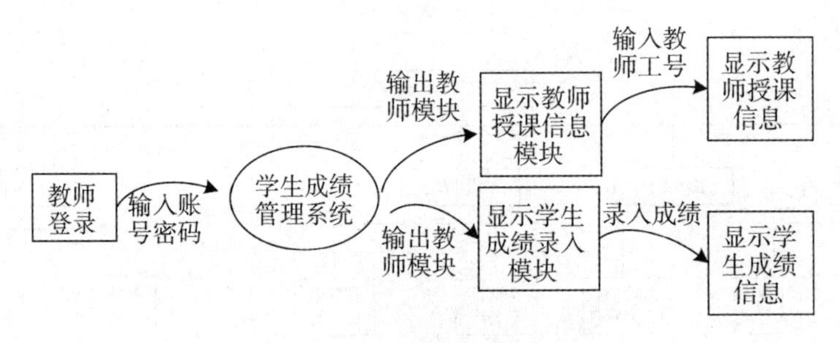

图6-10　教师模块功能IPO图

6.4.2 学生模块

学生模块下有教师信息查询管理模块、选课信息管理模块和课程成绩查询模块，三个模块分别实现教师基本信息的查询、学生选课功能和学生成绩查询功能。

(1)选课功能：学生根据自己的课程需求进行选课。

(2)查询功能：可以查看教师的基本信息，如教师姓名和工号，查询方式以教师工号进行查询；还能够查看所修课程的成绩，如图 6-11 所示。

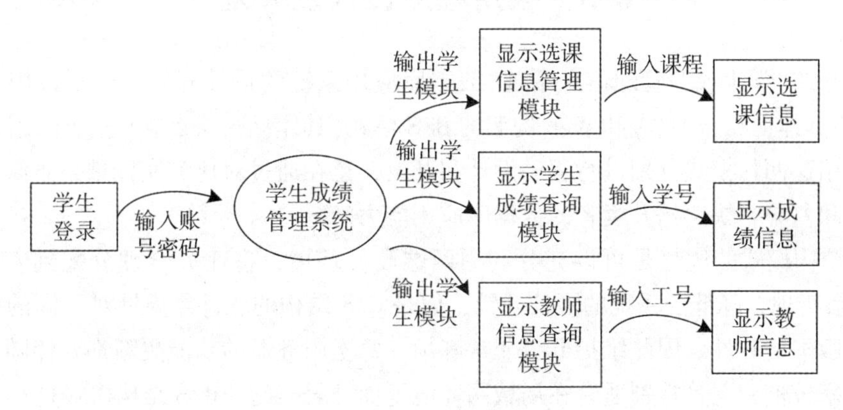

图 6-11　学生模块功能 IPO 图

6.4.3　管理员模块

管理员模块由学生信息管理和教师信息管理两个子模块组成，实现学生和教师基本信息的增、删、改、查功能。

(1)查询功能：管理员可以查看教师的基本信息和学生的基本信息。

(2)添加功能：能够实现教师基本信息和学生基本信息的添加。

(3)删除功能：允许管理员删除教师信息和学生信息，选中一条教师的信息记录或学生信息记录执行删除操作。

(4)修改功能：对教师信息和学生信息进行修改操作，管理员只需要选中一条教师的信息记录或学生信息记录执行修改即可，如图 6-12 所示。

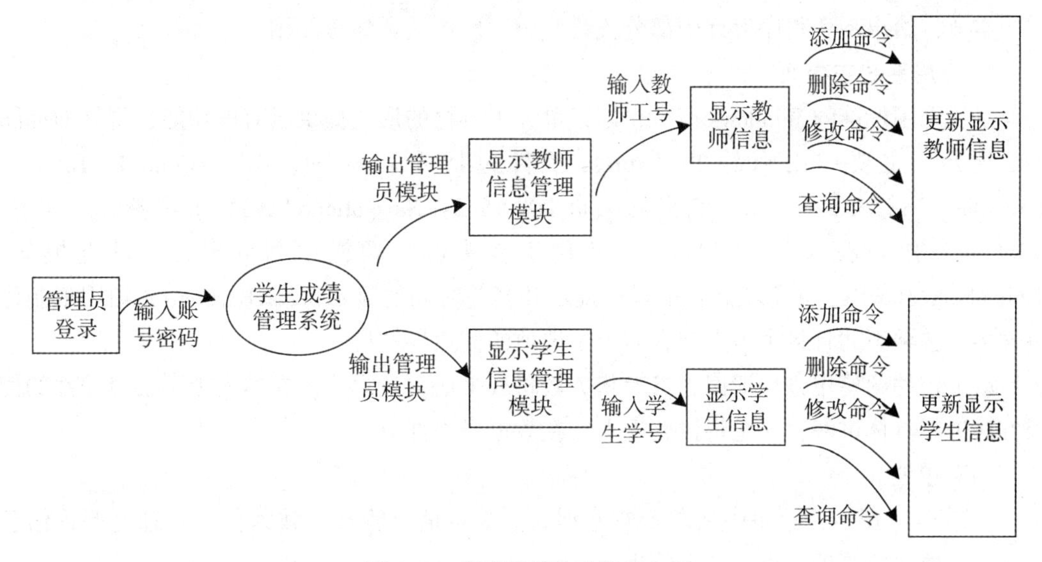

图 6-12　管理员模块功能 IPO 图

6.5　应用程序设计及开发

本节介绍“学生成绩管理信息系统”数据库应用系统的设计开发，分别采用了桌面端 C/S 模式(具体见 6.5.1 节)和 Web 构架的 B/S 模式(具体见 6.5.2 节)进行了设计与开发。本书中采用这两种模式分别进行程序设计和开发，意在通过对比和实践进一步解释两种结构的特点和差异，快速提升读者的数据库应用能力。

C/S 结构模式的优势是可以充分利用两端硬件环境，将任务合理分配到 Client 端和 Server 端来实现，降低了系统的通信开销，但是 C/S 结构的软件需要针对不同的操作系统开发不同版本的软件。因此维护升级非常麻烦，每次服务器的功能更新都要伴随客户端的升级，效率较低，但是特别适合在局域网环境里面部署实施。B/S 结构模式是对 C/S 结构的升级和改进，B/S 结构中的用户工作界面通过 Web 浏览器实现，少部分业务处理在浏览器端(Browser)实现，核心业务处理在服务器端(Server)实现，形成了三层结构，简化了客户端电脑载荷，减轻了系统维护与升级的成本和工作量，降低了用户的总体成本，特别适合信息发布，面向更多用户。通过本节的程序设计与开发实例的代码及相应说明，读者可在实践的基础上加深对数据库应用系统程序设计和 B/S 结构、C/S 结构的理解，同时加强数据库应用系统的开发能力。

6.5.1　C/S 框架软件开发

本节主要介绍桌面端，即 C/S 框架下的程序设计。程序中使用了如下工具：

(1) Visual Studio 2017(C#开发语言)；

(2) DevExpressX. x(UI 插件)；

(3) MySQL(数据库)。

本节将给出系统程序设计中部分关键代码，以供读者参考使用。

1. 应用系统主界面

系统采用标准的 Windows 窗口，以菜单、工具栏的形式提供所有的功能，主界面如图 6-13 所示。主要运用到的 DevExpress 控件包括 GridControl、RibbonControl、Ribbon StatusBar、NavBarControl 等，它们均来自 DX. 15. 2：Navigation&Layout 工具箱下。其中，GridControl 用来展示表；RibbonControl 用于在头部标题栏中划分出各个功能模块；RibbonStatusBar 用于底部状态栏的操作提示及当前时间的显示；NavBarControl 则用来制作包含多个选项组并且每个组里包含多个子选项的侧边导航栏。

以上控件的使用方法请读者参考相关教材或书籍自行学习，在本书中不会对控件的使用方法进行具体讲解，而是将讲解重点放在数据操作部分。

1)菜单栏

如图 6-14 所示，菜单中从左到右分别为：学生信息管理、教师信息管理、课程信息管理、分数信息管理、班级信息管理。

图 6-13 数据管理系统的主界面

图 6-14 菜单界面

2)工具栏

菜单栏下的工具栏和状态栏上的工具栏为用户提供了一组方便快捷的工具按钮。工具按钮对应菜单项的功能，由于菜单栏中的学生信息管理、教师信息管理、课程信息管理、分数信息管理、班级信息管理下的工具按钮大同小异，因此本节的讲解中仅举例学生信息管理中的工具按钮。

如图 6-15 所示，工具按钮从左到右分别为：新增学生信息、删除学生信息、编辑学生信息、查找学生信息。这些工具按钮的具体功能将在下文介绍各个菜单项时再详细说明。需要注意的是，当某工具按钮变灰，则表明该按钮现在是不可用的。

图 6-15 学生信息管理工具条

3)数据表显示控制

主窗体左边的小窗体为数据表显示控制窗体，如图 6-16 所示。

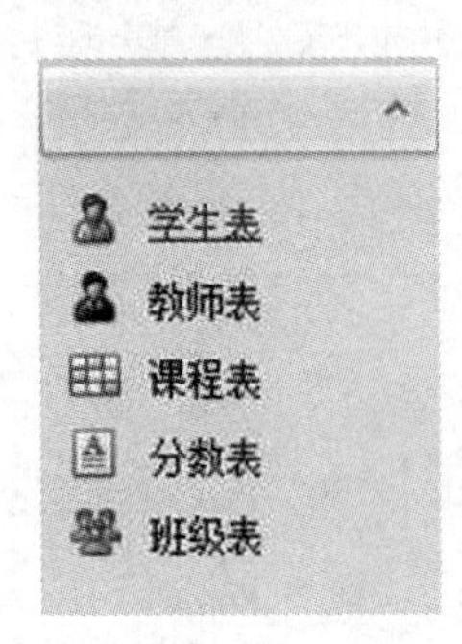

图 6-16　数据表显示控制

4)数据表窗体

主窗体右边窗体是数据表窗体，如图 6-17 所示，相应的数据表将在这里显示。

	学号	学生姓名	性别	班级编号
1	s20190100001	Xptirl	男	c26
2	s20190100002	Hneo	女	c68
3	s20190100003	Ykjqbai	男	c60
4	s20190100004	Eqewih	女	c67
5	s20190100005	Ejdx	男	c28
6	s20190100006	Fhbjyco	女	c96
7	s20190100007	Mckdgkob	男	c6
8	s20190100008	Ipg	女	c27
9	s20190100009	Qbvs	男	c32
10	s20190100010	Vlpj	女	c29
11	s20190100011	Onblpf	男	c53

记录数：10000

图 6-17　数据表窗体

2. 登录功能

本节展示登录功能的实现代码，代码中包含详细的注释来辅助读者理解。并且将对代码可实现的功能进行解释。后面几个章节的组织形式与本节类似，均为首先展示带有详细注释的代码，之后对代码所实现的功能进行简要分析。图 6-18 为学生成绩管理系统的登录界面。

登录功能的实现代码如下：

```
//在“登录”按钮的点击事件中添加如下代码
private void simpleButton1_Click(object sender,EventArgs e)
{
//获取用户输入的信息
```

图 6-18 登录界面

```
string userName = this.textEdit1.Text;
string userPassword = this.textEdit2.Text;
//验证数据
//若为空,则提醒用户
if (userName.Equals("") ||userPassword.Equals(""))
{
    MessageBox.Show("用户名或密码不能为空!");
}
//若不为空,则检验用户名和密码是否与数据库中的数据匹配
else
{
//用户名和密码正确的情况,提示成功并跳转界面
//连接数据库
    string str =
     "server=localhost;UserId=root;password=126954;Database
=myfirst;";
    MySqlConnection conn = new MySqlConnection(str);
    try
    {
//打开数据库
    conn.Open();
//定义 SQL 语句,以此对存储用户账号信息的表进行检索、验证账号密码的正
确性
    string sqlSel = "select count(*) from myfirst.t_student
```

```
where student_id='" + userName + "'and password='" + userPassword + "'";
            MySqlCommand com = new MySqlCommand(sqlSel,conn);
            if (Convert.ToInt32(com.ExecuteScalar()) > 0)
            {
                MessageBox.Show("登录成功");
            //进行标记,后续进行界面的跳转
                this.DialogResult = DialogResult.OK;
                this.Dispose();
                this.Close();
            }
            else
            { //用户名或密码错误则给用户提示
              MessageBox.Show("用户名或密码错误");
            }
        }
        catch (Exception ex)
        {
            MessageBox.Show("打开数据库失败");
        }
      }
    }
    //随后在Program.cs的Main函数内添加如下代码
    static void Main()
    {
    //Application.Run(new Form1());
    //登录界面的跳转操作
        Login login = new Login();
        login.ShowDialog();
        if (login.DialogResult == DialogResult.OK)
        {
    //设置整个窗体内的字体
            DevExpress.XtraEditors.WindowsFormsSettings.DefaultFont
 = new Font("宋体",12);
    //执行打开主界面
            login.Dispose();
            Application.Run(new Form1());
        }
```

```
        else if (login.DialogResult == DialogResult.Cancel)
        {
            login.Dispose();
            return;
        }
    }
```

【说明】在上述代码中，首先通过SQL语句将数据库内的账号信息与用户输入的账号信息进行比对，当用户输入的账号密码与数据库内的账号密码相对应时，进行界面跳转，显示主窗体，否则提醒用户输入有误。

3. 数据在数据控件中的绑定及显示功能

```
    //GetDataTableStudent 函数,该函数可进行数据库查询并返回 DataTable 数据表
    public DataTable GetDataTableStudent()
    {
        //获得 MySql 的配置信息
        //其中 server,User Id,password,Database 分别代表服务器 IP 地址,用户名,用户密码,数据库名字
        String str =
    "server=localhost;UserId=root;password=126954;Database=my-first;";
        //定义 SQL 查询语句并建立 DataAdapter 对象
        String sql = "select * From t_student";
        MySqlDataAdapter sda = new MySqlDataAdapter(sql,str);
        //建立 DataTable 对象,并将查询的结果存到 DataTable 对象中
        DataTable dt = new DataTable();
        sda.Fill(dt);
        //返回该 DataTable 对象
        return dt;
        }
        //在窗体的 load 事件中
        private void Form1_Load(object sender,EventArgs e)
        {
        //将通过 GetDataTableStudent()成员函数获得的 DataTable 指定给 GridControl 控件的 DataSource
        this.gridControl1.DataSource = GetDataTableStudent();
        }
```

【说明】在上述代码中，首先在 GetDataTableStudent( ) 函数中，通过 SQL 语句在指定的 MySQL 数据库中查询出所需数据并返回 DataTable 数据表，随后在窗体加载事件(Load)中令对应 GridControl 控件的 DataSource 指定该数据表，如此，便只要在对应的 Columns 中设定所需显示的数据列，如图 6-19 所示，即可显示出如图 6-20 的对应数据。

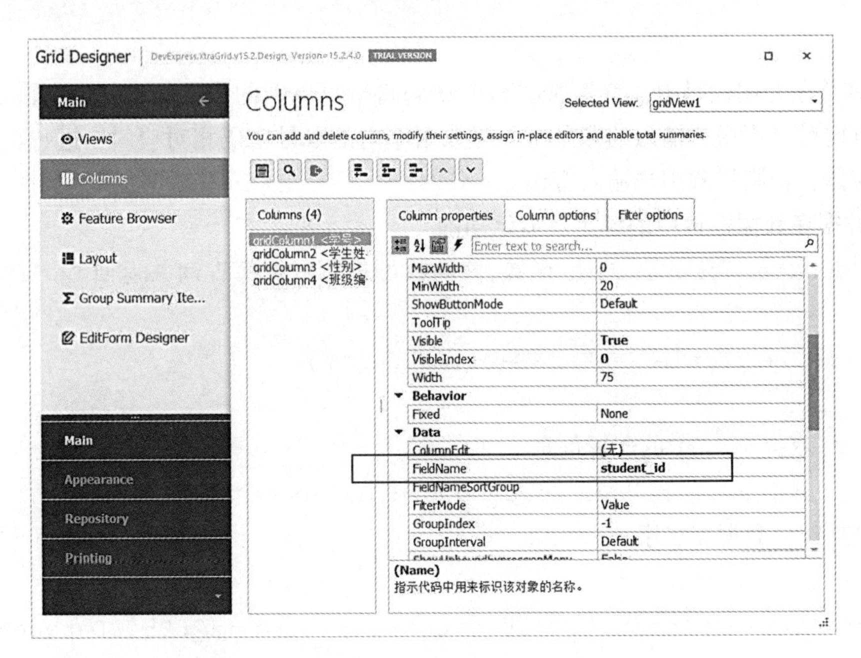

图 6-19　指定 Columns 所对应的数据列

	学号	学生姓名	性别	班级编号
1	s20190119	Aexpx	男	c45
2	s20190127	Rxge	男	c37
3	s20190128	Fuxpywcby	女	c95
4	s20190129	Olknlmmo	男	c54
5	s20190130	Bkradhvc	女	c80
6	s20190131	Cfbbogx	男	c5
7	s20190132	Bgkcgrshk	女	c16
8	s20190133	Uqctc	男	c98
9	s20190134	Ccic	女	c79
10	s20190135	Ebge kuqi	男	c56
11	s20190136	idha	女	c17
12	s20190137	Rdro	男	c97
13	s20190138	Inpfl	女	c49

图 6-20　学生表显示效果

4. 选中数据控件中的数据行功能

```
//定义并书写 GetSelectIdStudent 函数,该函数可获取当前行指定列的内容
public string GetSelectIdStudent(string FileName)
{
//传递实体类过去,从而获取选中的数据行
```

```
        int[] pRows = this.gridView1.GetSelectedRows();
        if (pRows.GetLength(0) > 0)
              return gridView1.GetRowCellValue(pRows[0], FileName)
.ToString();
        else
            return null;
    }
```

【说明】上述代码中，GetSelectIdStudent(string FileName)函数能够通过输入的字符串获取当前行指定列内容，例如在图 6-20 的情况下执行 GetSelectIdStudent（“学号”），即可得到字符串“s20190119”。

5. 新增数据项功能

在对应新增按钮的点击事件中添加如下代码：

```
    Private void barButtonItem_ItemClick(object sender,DevExpress.
XtraBars.ItemClickEventArgs e)
    {
        //设置弹出的新增界面位于屏幕中心并显示
        NewStudent newstudent = new NewStudent();
        newstudent.StartPosition = FormStartPosition.CenterScreen;
        newstudent.ShowDialog();
        //若新增成功,则对 GridControl 中的数据显示进行更新
        if (newstudent.DialogResult == DialogResult.OK)
    {
        newstudent.Dispose();
        gridControl1.DataSource = GetDataTableStudent();
        gridView1.RefreshData();
        }
            else if (newstudent.DialogResult == DialogResult.Cancel)
        {
            newstudent.Dispose();
        }
    }
```

在新增学生信息界面的确认“新增”按钮的点击事件中添加如下代码：

```
    private void simpleButton1_Click(object sender,EventArgs e)
    {
        //获得 MySql 的配置信息,进行数据库连接
        //其中 server,User Id,password,Database 分别代表服务器 IP 地址,用
```

```
户名,用户密码,数据库名字
        string str = "server=localhost;UserId=root;password=126954;
Database=myfirst;";
        MySqlConnection conn = new MySqlConnection(str);
        //打开数据库
        conn.Open();
        //定义编辑 SQL 语句
        string sql = "insert into t_student(student_id,student_name,
gender,class_id,password) values('" +textEdit1.Text + "','" + text Edit
2.Text + "','" + textEdit3.Text + "','" + textEdit4.Text + "','" + text Edit
5.Text + "')";
        //对数据库进行新增操作
        MySqlCommand mycmd = new MySqlCommand(sql,conn);
        if (mycmd.ExecuteNonQuery() > 0)
        {
            MessageBox.Show("新增成功");
        //进行标记,便于刷新数据
            this.DialogResult = DialogResult.OK;
        }
        else
        {
            MessageBox.Show("新增失败,请重试");
        }
        //关闭数据库
        conn.Close();
    }
```

【说明】上述代码中，通过使用字符串 SQL 和一个 MySqlCommand 对象实现了数据表新增操作，新增学生信息的界面如图 6-21 所示，其中的 textEdit1. Text 等分别对应了用户通过新增学生界面输入的数据，并通过标记新增学生信息窗体的 DialogResult 属性判断是否刷新 GridView 视图。

6. 删除选中记录功能

在对应的删除按钮的点击事件中添加如下代码：

```
    private void barButtonItem_ItemClick(object sender,DevExpress.
XtraBars.ItemClickEventArgs e)
    {
        //获取当前行的学号,以便于后续 SQL 语句的书写
```

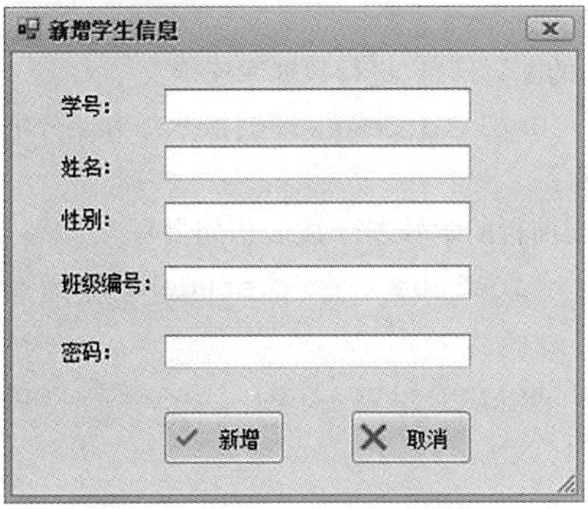

图 6-21 新增学生信息界面

```
    string n = GetSelectIdStudent("student_id");
    //将当前行的学号传到删除窗体的后台程序内(用 DELETE 字符串存储)
    DeleteStudent deletestudent = new DeleteStudent();
    deletestudent.DELETE = n;
    //设置弹出的删除界面位于屏幕中心并显示
    deletestudent.StartPosition = FormStartPosition.CenterScreen;
    deletestudent.ShowDialog();
    //若删除成功,则对 GridControl 中的数据显示进行更新
    if (deletestudent.DialogResult == DialogResult.OK)
    {
        deletestudent.Dispose();
        gridControl1.DataSource = GetDataTableStudent();
        gridView1.RefreshData();
    }
    else if (deletestudent.DialogResult == DialogResult.Cancel)
    {
        deletestudent.Dispose();
    }
}
```

在该窗口所对应的代码中定义一个公共的变量 DELETE，用于存储当前行的学生学号：

```
public string DELETE;
//在按钮“是”的点击事件中添加如下代码
```

```
private void simpleButton1_Click(object sender,EventArgs e)
{
    //获得 MySQL 的配置信息,进行数据库连接
    //其中 server,User Id,password,Database 分别代表服务器 IP 地址,用户名,用户密码,数据库名字
    //通过得到的当前行的学号进行 SQL 语句书写
    string query = "delete from t_student where student_id='" + DELETE + "'";
    string str = "server=localhost;UserId=root;password=126954;Database=myfirst;";

    //连接数据库
    MySqlConnection conn = new MySqlConnection(str);

    //打开数据库
    conn.Open();

    //对数据表执行删除操作
    MySqlCommand mycmd = new MySqlCommand(query,conn);

    if (mycmd.ExecuteNonQuery() > 0)
    {
        MessageBox.Show("数据删除成功");
    //进行标记,便于刷新数据
        this.DialogResult = DialogResult.OK;

    }
    else
    {
        MessageBox.Show("删除失败,请检查");
    }
    conn.Close();
        }
    //在该窗体的加载事件(Load)中添加如下代码
        private void DeleteStudent_Load(object sender,EventArgs e)
        {
```

```
    //显示出当前所要删除学生的学号,让用户确认删除无误
    labelControl1.Text = DELETE+"吗  ?";
}
```

【说明】上述代码与6.5.1节“5. 新增数据项功能”新增功能中的代码大同小异，需要注意的是，通过“删除学生信息”窗口下定义的公共变量DELETE获取当前所选择的学生的学号信息，以便在“删除学生信息”窗口下书写相应的删除SQL语句。删除学生信息界面如图6-22所示。

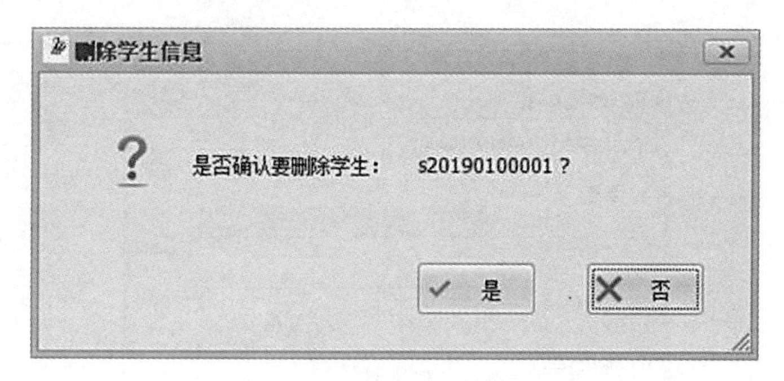

图6-22 删除学生信息界面

7. 修改选中记录功能

修改学生信息界面如图6-23所示。由于修改功能的代码与删除功能的代码在原理上是一致的，所以下面仅给出主要代码作为参考。

```
//对应修改按钮的点击事件中添加如下代码
private void barButtonItem_ItemClick(object sender,DevExpress.
XtraBars.ItemClickEventArgs e)
{
    //获取当前行的学号,以便于后续SQL语句的书写
    string n= GetSelectIdStudent("student_id");
    //将当前行的学号传到修改窗体的后台程序内(用EDIT字符串存储)
    EditStudent editstudent = new EditStudent();
    editstudent.EDIT = n;
    //设置弹出的修改界面位于屏幕中心并显示
    editstudent.StartPosition = FormStartPosition.CenterScreen;
    editstudent.ShowDialog();
    //若修改成功,则对GridControl中的数据显示进行更新
    if (editstudent.DialogResult == DialogResult.OK)
    {
        editstudent.Dispose();
```

```
        gridControl1.DataSource = GetDataTableStudent();
        gridView1.RefreshData();
    }
    else if (editstudent.DialogResult == DialogResult.Cancel)
    {
    editstudent.Dispose();
    }
}
```

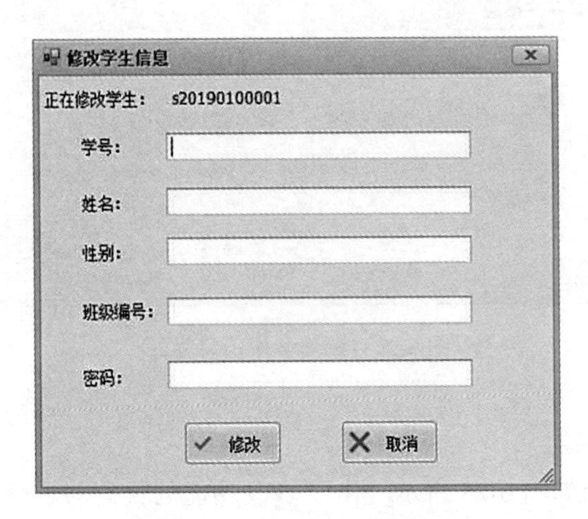

图 6-23　修改学生界面信息

```
//在"确认修改"按钮的点击事件中添加如下代码
private void simpleButton1_Click(object sender,EventArgs e)
{
//获得 MySQL 的配置信息,进行数据库连接
//其中 server,User Id,password,Database 分别代表服务器 IP 地址,用户名,
用户密码,数据库名字
//通过得到的当前行的学号进行 SQL 语句书写
    string hhh = "update t_student set student_id='" + textE-
dit1.Text + "',student_name='" + textEdit2.Text + "',gender='" + textE-
dit3.Text + "', class_id = '" + textEdit4.Text + "', 密码 = '" +
textEdit5.Text + "' where password='" + EDIT + "'";
    string str = "server = localhost; User Id = root; password =
126954;Database=myfirst;";

//连接数据库
```

```
        MySqlConnection conn = new MySqlConnection(str);

        //打开数据库
        conn.Open();

        //执行修改操作
        MySqlCommand mycmd = new MySqlCommand(hhh,conn);

        if (mycmd.ExecuteNonQuery() > 0)
        {
            MessageBox.Show("数据修改成功");
        //进行标记,便于刷新数据
            this.DialogResult = DialogResult.OK;
        }
        else
        {
            MessageBox.Show("数据修改失败");
        }
        conn.Close();
    }
```

8. 根据关键字查询功能

对应查询按钮的点击事件添加如下代码:

```
    private void barButtonItem4_ItemClick(object sender,DevExpress.
XtraBars.ItemClickEventArgs e)
    {
        //设置弹出的查询界面位于屏幕中心并显示
        SearchStudent searchstudent = new SearchStudent();
        searchstudent.StartPosition = FormStartPosition.CenterScreen;
        searchstudent.ShowDialog();
    }
```

在确认“查询”按钮的点击事件下添加如下主要代码:

```
    private void simpleButton1_Click(object sender,EventArgs e)
    {
        //获得 MySQL 的配置信息,进行数据库连接
        //其中 server,User Id,password,Database 分别代表服务器 IP 地址,用
户名,用户密码,数据库名字
```

```
        string str = "server=localhost;UserId=root;password=126954;
Database=myfirst;";
        //连接数据库
        MySqlConnection conn = new MySqlConnection(str);
        //打开数据库
        conn.Open();

        //根据某一字段是否为模糊查询进行定义 SQL 语句并进行划分
        //学号,姓名,班级信息皆模糊查询
        string searchfor1 = "select * from t_student where (student_id
like '"+ textEdit1.Text + "' or student_name like '"+textEdit2.Text+"'
or class_id like '"+textEdit3.Text+"')";
        //学号和姓名为模糊查询
        string searchfor2 = "select * from t_student where (student_id
like '" + textEdit1.Text + "' or student_name like '" + textEdit2.Text + "
' or class_id= '" + textEdit3.Text + "')";
        //学号和班级信息为模糊查询
        string searchfor3 = "select * from t_student where (student_id
like '" + textEdit1.Text + "'  or class_id like '" + textEdit3.Text + "'
or student_name ='" + textEdit2.Text + "')";

        //姓名和班级信息为模糊查询
        string searchfor4 = "select * from t_student where ( student_
name like'" + textEdit2.Text + "'or class_id like '" + textEdit3.Text + "
'or student_id like '" + textEdit1.Text + "' )";
        //学号为模糊查询
        string searchfor5 = "select * from t_student where (student_id
like '" + textEdit1.Text + "' or student_name ='" + textEdit2.Text + "'or
class_id = '" + textEdit3.Text + "')";
        //姓名为模糊查询
        string searchfor6 = "select * from t_student where (student_
mane like '" + textEdit2.Text + "' or student_id ='" + textEdit1.Text + "
or class_id = '" + textEdit3.Text + "')";
        //班级信息为模糊查询
        string searchfor7 = "select * from t_student where (class_id
```

```
like '" +textEdit3.Text + "'or student_id = '" + textEdit1.Text + "' or
student_name ='" + textEdit2.Text + "')";
        //全非模糊查询
        string searchfor8 = "select * from t_student where (class_id =
'" + textEdit3.Text + "'or student_id = '" + textEdit1.Text + "' or
student_name ='" + textEdit2.Text + "')";
        //全为模糊查询
        if (checkBox1.Checked = =true&& checkBox2.Checked = = true &&
checkBox3.Checked= =true)
        {
          MySqlCommand mycmd = new MySqlCommand(searchfor1,conn);
          MySqlDataReader datareader = mycmd.ExecuteReader();
          datareader.Read();
          MessageBox.Show("学号:" + datareader["student_id"] + "\n" + "
姓名:" + datareader["student_name"] + "\n" + "性别:" + datareader["gen-
der"] + "\n" + "班级编号:" + datareader["class_id"] + "\n" + "密码:" + da-
tareader["password"]);
        }
        //学号和姓名为模糊查询
        else if(checkBox1.Checked = = true && checkBox2.Checked = =
true && checkBox3.Checked = = false)
        {
          MySqlCommand mycmd = new MySqlCommand(searchfor2,conn);
          MySqlDataReader datareader = mycmd.ExecuteReader();
          datareader.Read();
          MessageBox.Show("学号:" + datareader["student_id"] + "\n" + "
姓名:" + datareader["student_name"] + "\n" + "性别:" + datareader["gen-
der"] + "\n" + "班级编号:" + datareader["class_id"] + "\n" + "密码:" + da-
tareader["password"]);
        }
        //学号和班级信息为模糊查询
        else if (checkBox1.Checked = = true && checkBox2.Checked = =
false && checkBox3.Checked = = true)
        {
          MySqlCommand mycmd = new MySqlCommand(searchfor3,conn);
          MySqlDataReader datareader = mycmd.ExecuteReader();
```

```
            datareader.Read();
            MessageBox.Show("学号:" + datareader["student_id"] + "\n" + "
姓名:" + datareader["student_name"] + "\n" + "性别:" + datareader["gen-
der"] + "\n" + "班级编号:" + datareader["class_id"] + "\n" + "密码:" + da-
tareader["password"]);
        }
        //姓名和班级信息为模糊查询
        else if (checkBox1.Checked == false && checkBox2.Checked ==
true && checkBox3.Checked == true)
        {
            MySqlCommand mycmd = new MySqlCommand(searchfor4,conn);
            MySqlDataReader datareader = mycmd.ExecuteReader();
            datareader.Read();
            MessageBox.Show("学号:" + datareader["student_id"] + "\n" + "
姓名:" + datareader["student_name"] + "\n" + "性别:" + datareader["gen-
der"] + "\n" + "班级编号:" + datareader["class_id"] + "\n" + "密码:" + da-
tareader["password"]);
        }
        //学号为模糊查询
        else if (checkBox1.Checked == true && checkBox2.Checked ==
false && checkBox3.Checked == false)
        {
            MySqlCommand mycmd = new MySqlCommand(searchfor5,conn);
            MySqlDataReader datareader = mycmd.ExecuteReader();
            datareader.Read();
            MessageBox.Show("学号:" + datareader["student_id"] + "\n" + "
姓名:" + datareader["student_name"] + "\n" + "性别:" + datareader["gen-
der"] + "\n" + "班级编号:" + datareader["class_id"] + "\n" + "密码:" + da-
tareader["password"]);
        }
        //姓名为模糊查询
        else if (checkBox1.Checked == false && checkBox2.Checked ==
true && checkBox3.Checked == false)
        {
            MySqlCommand mycmd = new MySqlCommand(searchfor6,conn);
            MySqlDataReader datareader = mycmd.ExecuteReader();
```

```
        datareader.Read();
        MessageBox.Show("学号:" + datareader["student_id"] + "\n" + "
姓名:" + datareader["student_name"] + "\n" + "性别:" + datareader["gen-
der"] + "\n" + "班级编号:" + datareader["class_id"] + "\n" + "密码:" + da-
tareader["password"]);
      }
      //班级信息为模糊查询
      else if (checkBox1.Checked == false && checkBox2.Checked ==
false && checkBox3.Checked == true)
      {
        MySqlCommand mycmd = new MySqlCommand(searchfor7,conn);
        MySqlDataReader datareader = mycmd.ExecuteReader();
        datareader.Read();
        MessageBox.Show("学号:" + datareader["student_id"] + "\n" + "
姓名:" + datareader["student_name"] + "\n" + "性别:" + datareader["gen-
der"] + "\n" + "班级编号:" + datareader["class_id"] + "\n" + "密码:" + da-
tareader["password"]);
      }
      //全非模糊查询
      else if (checkBox1.Checked == false && checkBox2.Checked ==
false && checkBox3.Checked == false)
      {
        MySqlCommand mycmd = new MySqlCommand(searchfor8,conn);
        MySqlDataReader datareader = mycmd.ExecuteReader();
        datareader.Read();
        MessageBox.Show("学号:" + datareader["student_id"] + "\n" + "
姓名:" + datareader["student_name"] + "\n" + "性别:" + datareader["gen-
der"] + "\n" + "班级编号:" + datareader["class_id"] + "\n" + "密码:" + da-
tareader["password"]);
      }
      conn.Close();
    }
```

【说明】查询学生信息的界面如图 6-24 所示，查询结果如图 6-25 所示。上述代码中，与新增、删除和修改的功能实现相似，通过使用字符串 SQL 和一个 MySqlCommand 对象实现了对数据表的关键字查询、模糊查询以及多关键字组合查询，可以辅助用户进行交互查询。

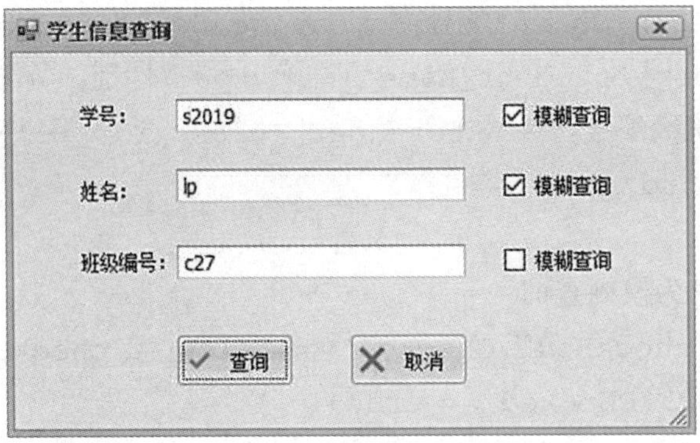

图 6-24　查询学生信息界面

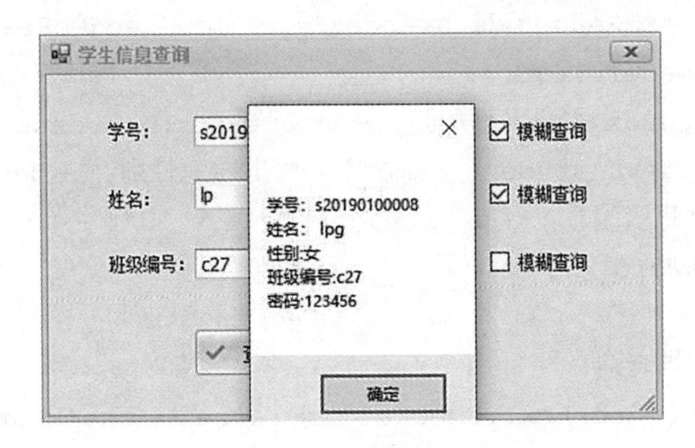

图 6-25　查询结果

6.5.2　B/S 框架学生管理 Web 系统

学生成绩管理信息系统采用 B/S 的设计模式，分为服务器端与客户端网页两部分开发。在本书的实例中，服务器端使用 Node. js 及其生态中的 Express. js 和 Mysql. js 模块完成开发，主要任务为响应网络请求并与 MySQL 数据库连接交互。客户端网页开发是在主流的 JavaScript 框架——Vue. js 下完成，搭配使用了 Vue-CLI 3 作为脚手架工具，Element-UI 作为页面布局组件，开发过程中采用模块热加载(Hot Module Replacement)的开发方式实时浏览页面效果，开发完成后，通过脚手架工具生成静态的 HTML、CSS、JavaScript 文件，部署到服务器中。

Node. js 是 2009 年末 Ryan Dahl 在柏林的 JavaScript 大会上宣布的一项新技术，这项技术是实现了 JavaScript 在服务器端的运行(是对 JavaScript 只能在浏览器端运行的一种颠覆)。Node. js 是一个基于 Chrome V8 引擎 JavaScript 运行环境，而 NPM 则是用 Node. js 开发的 JavaScript 包管理工具(作为 Node. js 的一个扩展模块)。目前，Node. js 被广泛用于搭建静态网站服务器以及处理高并发网络请求。

Vue. js 是一套用于构建用户界面的渐进式 JavaScript 框架，采用了 MVVM 的设计模式(Model-View-ViewModel)，即视图模型与数据双向绑定，通过更新数据动态渲染网页，为网页开发提供了响应式编程、动态 DOM、组件化的功能。此外，Vue. js 还拥有强大且丰富的开发生态，基于该框架的插件、组件库、开发工具层出不穷，其热度及发展速度已成为当前主流 JavaScript 框架中的最高者。Vue-CLI 是 Vue. js 生态系统中一个重要的工具，是一个集成了 Vue. js、Webpack 的脚手架工具。在 Vue 的框架下，不同的页面元素被分成了一个个独立的模块，如对话框、侧边栏、表单、列表等；脚手架工具 Vue-CLI 则提供了诸如开发运行时热更新、自动打包、自动构建、自定义插件与扩展等功能，集成了前端生态中最好的工具，进一步为模块化开发提供了便利。

服务器端与客户端网页的代码放在不同的文件夹下，在本实例中采用了如下的目录结构：

```
|- node
|- |- student-manager   #放置 Node.js 服务端代码
|- |- |- ...
|- vue
|- |- student-manager-vue   #放置 Vue-CLI 3 代码
|- |- |- ...
```

其中，student-manager 放置服务端代码，student-manager-vue 放置客户端网页的代码。

1. 网络服务器搭建

在本实例中，基于 Node. js 开发的网络服务器部署在 Windows 操作系统下，由于 Node. js 的跨平台特性，在其他系统(如 Linux、UNIX 或 MacOS)下部署网络服务器可以采用相似的文件夹和代码结构。搭建步骤可以概括如下：

(1)安装 Node. js；

(2)创建工程目录，安装各项依赖模块；

(3)创建服务器应用入口，配置服务器基础属性并设置监听；

(4)为不同类型的网络请求添加路由，分类管理。

在 Node. js 的官网(https：//nodejs. org/)可以下载到 Window 环境下的安装包(LTS 版本，格式为 node-[版本号]-x64. msi)，直接运行即可安装。安装完成后，打开终端，分别输入 node -v 和 npm -v，若分别显示了对应的软件版本号，说明 Node. js 安装成功；否则需要手动将 Node. js 的安装文件夹添加到环境变量 path 中(使用 Node. js 搭建网络服务器对其版本没有过多要求，采用最新版即可)。

进入存放服务端代码的文件夹 node 下，按下“Shift”键并点击鼠标右键，打开终端，执行如下命令，初始化工程目录。

```
mkdir student-manager
cd student-manager
npm init -y
```

【说明】上述代码中，各命令分别完成了创建文件夹、进入文件夹和使用 npm 的默认配置初始化工程目录这三个步骤。

初始化后，目录下的 package. json 文件用于对整个工程文件夹的模块化配置。搭建网络服务器需要安装 express 模块，安装的命令如下：

```
npm i express -S
```

上述命令通过 npm 安装了 express 模块，并把它保存到 package. json 中。

在 student-manager 文件夹下创建两个文件夹：router 和 public，分别用于存放处理各种 HTTP 请求的路由和放置静态资源。在同个目录下创建文件 app. js 作为网络服务器的入口文件，在该文件中写入如下代码：

```
/* *
  * app.js
  * /
const express = require('express');
const app = express();
const stuRouter = require('./router/stu');
/* *
  * 服务器请求配置
  * /
app.use((req,res,next) = > {
//对本地地址允许跨域请求(便于 vue-cli 的开发)
    if (/^https?:\/\/localhost(:\d*)?$/.test(req.headers. origin)) {
        res.setHeader('Access-Control-Allow-Origin','*');
        res.setHeader('Access-Control-Allow-Methods','GET,POST,OPTIONS,PUT,PATCH,DELETE');
        res.setHeader('Access-Control-Allow-Headers','X-Requested-With,content-type');
        res.setHeader('Access-Control-Allow-Credentials',true);
    }
    next();
});

//设置静态目录
app.use(express.static('./public'));

//处理 post 请求参数
```

```
app.use(express.json());

//分配请求路由
app.use('/stu',stuRouter);

//监听端口
const server = app.listen(8888,'0.0.0.0',() => {
    const port = server.address().port;

//获取 IP 地址
    let localAddr = '127.0.0.1',
        ipv4Addr = '';
    const interfaces = require('os').networkInterfaces();
    for (let i in interfaces) {
        for (let item of interfaces[i]) {
            if (item.address !== '127.0.0.1' && item.family ===
'IPv4') {
                ipv4Addr = item.address;
            }
        }
    }

    console.log('应用实例,访问地址:');
    console.log(' - 本地访问: \x1B[36mhttp://${localAddr}:${port}\
x1B[0m');
    console.log(' - IPv4 访问: \x1B[36mhttp://${ipv4Addr}:${port}\
x1B[0m');
});
```

【说明】上述代码中，首先将 express 进行实例化。接着在这个实例中，对来自本地服务器的网络请求作跨域允许处理(便于与网页端代码的交互)，并设置工程目录下的 public 文件夹为静态目录，以及添加了处理 POST 请求中参数的中间件、处理各类路由的中间件。最后，启动服务并监听于 8888 端口下，0.0.0.0 表示允许客户端通过网络地址或本地地址访问服务器；在监听函数中，通过 Node.js 自带的 os 模块获取计算机的 IPv4 地址，自动输入参数。

服务器应用的基础框架搭建完成之后，需要配置路由，以完成不同网络请求的响应。在 router 文件夹中添加 stu.js，写入如下代码：

```
/**
 * router/stu.js
 */
const router = require('express').Router();

router.get('/all',(req,res) => {
    let data = [];
    //模拟数据查询过程
    for (let i = 0; i < 20; i++) {
        data.push({
            id: i,
            name: '${i}-${i}-${i}'
        })
    }
    res.status(200).json(data);
})

module.exports = router;
```

【说明】在上述代码中，使用 express 的 Router 实例来实现路由转发，router. get 与 router. post 分别响应了 HTTP 中的 GET 与 POST 请求，最后将 Router 实例通过模块导出。在 app. js 通过 app. use('/stu', stuRouter)为不同的路由请求分配响应实例。例如，当收到 GET 类型的 HTTP 请求(http://localhost:8888/stu/all)时，服务器会首先匹配/stu 对应的路由实例，接着在实例中找到 get('/all')函数来处理这个请求。

完成了监听与 HTTP 请求处理后，基础的 Node. js 服务器框架搭建完成。当前的 student-manager 目录结构如下：

```
student-manager
|- node_modules
|- public
|- router
|- |- stu.js
|- app.js
|- package.json
|- package-lock.json
```

启动服务器需要通过在命令行输入命令完成：在 student-manager 目录下打开终端，输入 Node APP 即可启动服务器。在浏览器地址栏中输入：http://127.0.0.1:8888/stu/all，若服务器搭建成功，可以在浏览器中看到 JSON 格式的数据列表。

服务器的基本路由框架搭建完成后，下一步进行与 MySQL 数据库的交互功能。前提条件是 MySQL 服务可用，以及存在对应的数据库。假设可以访问数据库的用户名为 root，密码 123456，检查数据库是否可用且数据库是否存在的命令行操作如下所示(浏览和操作数据库还可以通过 Navicat、MySQL Workbench 等可视化工具进行)。

```
mysql -u [user name] -p
> password: [your password]
> show databases;  #显示数据库
> use [database name];  #选择某个数据库
> show tables;  #显示数据库中的数据表
> select * from [table name];  #查看表中的所有数据
```

确保 MySQL 服务可用后，回到 student-manager 目录下，创建 db/config.js 和 db/db.js，接着打开终端，输入如下命令，安装在 Node.js 中与 MySQL 数据库交互的模块——mysqljs。

```
npm i mysql mysqljs/mysql -S
```

为了实现与数据库的连接，在文件 db/config.js 中写入相关配置，该文件通过模块的方式导出了 MySQL 连接的一系列参数选项：用户名、密码、数据库名称、连接数量限制等。

```
/**
 * db/config.js
 */
module.exports = {
    connectionLimit: 100,
    host: '127.0.0.1',
    user: 'root',
    password: '123456',
    database: 'student_manager'
};
```

文件 db/db.js 主要用于数据库连接池的创建，并导出为可直接引用的对象实例。

```
/**
 * db/db.js
 */
const mysql = require('mysql');
const config = require('./config');

//创建连接池,动态处理连接请求
const pool = mysql.createPool(config);
module.exports = pool;
```

在上述代码中，引入 mysql 模块与配置文件，创建连接池。使用连接池可以让服务器每次收到网络请求后才创建与 MySQL 数据库的连接，并且查询结束后释放连接，保证了数据接口的高效与纯净。连接池允许用户通过以下两种方式访问数据库、执行 SQL 语句。

```
pool.getConnection((err,conn) => {
    if (err) throw err; //未连接成功
    //使用连接进行查询
    conn.query('select * from user',(error,results,fields) => {
        //连接使用完毕,及时释放
        conn.release();
        //务必在连接释放后处理错误
        if (error) throw error;
        //处理查询结果
        console.log('The results number is ${results.length}');
    });
    });
    //pool.query()是 pool.getConnection()
    //-> connection.query() -> connection.release()的便携式写法
    pool.query('select * from user',(error,results,fields) => {
        if (error) throw error;
        console.log('The results number is ${results.length}');
    });
```

连接池创建完成后，可以在路由中通过连接池访问 MySQL 中的数据。在 router/stu. js 文件中引入连接池，查询 MySQL 中 t_ student 表中所有数据的响应如下所示：

```
/* *
 * router/stu.js
 * /
const router = require('express').Router();
const db = require('../db/db');

router.get('/all',(req,res) => {
    db.query('select * from t_student',(err,results,fields) => {
        if (err) {
            return res.status(500).end('<h1>Internal Server Error
</h1>')
        }
```

```
        res.status(200).json(results);
    });
});

module.exports = router;
```

在 db. query( )的回调函数中，err 是执行 SQL 语句时产生的错误信息，若没有错误，默认为空。results 是查询的结果，一般来说，SELECT 语句的查询结果是一个列表(数组)，UPDATA、DELETE、INSERT 语句的结果为一个状态对象。fields 为数据表中的字段名称数组。

重启服务器需要首先按下“Ctrl+C”停止服务器，接着重新执行 Node APP 启动服务器(或者使用模块 supervisor 来监听服务端代码，自动重启服务器)，在浏览器中输入 http：//localhost：8888/stu/all，可以在页面上看到所有学生信息的 JSON 格式数据。

2. 客户端框架搭建

在本例中，客户端为基于 Vue. js 开发的网页应用，使用 Vue-CLI 3 作为脚手架工具，采取组件化、模块化开发的思路进行渐进式开发，客户端的开发框架搭建过程概括如下：

(1)安装 Vue-CLI 3 脚手架工具；

(2)使用脚手架工具初始化工程目录；

(3)引入各类工具库(页面组件、网络请求组件等)；

(4)编写各类组件并嵌入页面中。

安装 Vue-CLI 需要用到 Node. js 的全局安装功能，只需要在安装命令之后添加-g 参数即可实现全局安装，安装命令如下：

```
npm i @ vue/cli -g
```

安装完成后，在终端中输入 vue-V，若能正常显示 Vue-CLI 3 的版本号，则说明安装成功。Vue-CLI 3 工程可以通过命令行创建或 UI 界面交互式创建。

(1)命令行创建：进入一个文件夹(建议命名为 vue)，打开终端，执行命令：

```
vue create student-manager-vue;
```

(2)UI 界面交互式创建：在终端中执行 vue ui，打开图形化界面，在“新建工程”处根据提示创建工程。

Vue-CLI 3 的工程允许用户手动选择依赖项，用户可以在安装的过程中进行取舍。在本书实例中使用的配置选项如下所示(加粗字体为选项)：

- ? Please pick a preset：**Manually select features**
- ? Check the features needed for your project：**Router**，**Vuex**
- ? Use history mode for router? (Requires proper server setup for index fallback in > production) **Yes**
- ? Where do you prefer placing config for Babel，ESLint，etc. ? **In dedicated config files**

- ? Save this as a preset for future projects? (y/N) **N**

配置完成后，脚手架自动通过 npm 安装相关依赖，待工程相关的依赖下载完成后，在终端中执行 cd student-manager-vue 进入文件夹，运行 npm run serve 启动 Vue CLI 3 的模块热加载服务。运行完毕后，根据终端提示在浏览器输入 http://localhost:8080/，看到带有初始样式的网站，说明工程创建并启动成功。此时文件夹的目录结构如下所示：

```
student-manager-vue
|- .git
|- node_modules
|- public  #存放静态资源
|- |- favicon.ico
|- |- index.html  #页面模板
|- src  #存放源代码的文件夹
|- |- assets
|- |- |- login.png
|- |- components  #组件
|- |- |- HelloWorld.vue
|- |- router  # vue-router 页面导航
|- |- |- index.js
|- |- store  # vuex 数据存储中心
|- |- |- index.js
|- |- views  #页面
|- |- |- About.vue
|- |- |- Home.vue
|- |- App.vue  # Vue CLI 3 应用根目录
|- |- main.js  # Vue CLI 3 应用配置文件
|- .browserslistrc
|- .gitignore
|- package.json
|- package-lock.json
|- README.md
```

构建网页需要用到额外的工具：使用 Element-UI 提供的组件库设计页面，使用 axios 进行网络请求转发。安装与引入的过程如下：进入 student-manager-vue 目录打开终端，输入 npm i element-ui axios -S，进行安装并保存到 package. json。安装完成后，打开 src/main. js，通过以下代码进行引入：

```
/* *
  * src/main.js
```

```
  */

//...忽略无关代码

//引入 Element-UI
import ElementUI from 'element-ui';
import 'element-ui/lib/theme-chalk/index.css'; //Element-UI 样式

//引入 axios
import axios from 'axios';

//在 Vue 中使用
Vue.use(ElementUI,{ size: 'mini' });
Vue.prototype.$axios = axios;

//...忽略无关代码
```

上述代码中，main.js 是整个网页端应用程序的入口文件，在这里引入的 css 文件将影响全局样式，同时 Vue.use()可以为整个 Vue 实例添加全局组件；Vue.prototype 是 Vue 的原型，为其添加 $axios 成员可以允许在不同的组件中通过 this.$axios 访问 axios，调用 post()或 get()函数发起 HTTP 请求。

在 student-manager-vue 根目录下新建文件 vue.config.js，该文件导出了 Vue-CLI 3 工程的配置选项，在运行热开发或构建静态文件时，配置的内容会影响构建的结果。在本书的实例中，用到了如下的工程配置：

```
/**
  * vue.config.js
  */
module.exports = {
    //配置开发服务器
    devServer: {
        proxy: 'http://localhost:8888/',
        host: '0.0.0.0',//dev host
        port: 8080,      //dev port
    }
}
```

在上述代码中，devServer 为开发时启动的热更新服务器提供了配置选项。devServer.proxy 指定了开发时 HTTP 请求的代理，由于发送请求与响应请求的服务器位于不同地址不同端口，因此只有在开发环境下才需要用到代理。例如，发送一个 GET 请求：this. $ axios. get('/stu/all')，开发服务器会自动启用代理，使最终的请求地址为 http://localhost：8888/stu/all，最终构建时生成的静态文件部署到网络服务器下，发送请求的页面与响应请求的服务器位于同一个网络地址与网络端口下，/stu/all 表示绝对路径，不需要通过代理即可实现 HTTP 请求的发送与响应；port 和 host 分别指定了开发服务器运行的端口和 IPv4 地址，0. 0. 0. 0 表示既可通过本地地址访问，也可以通过网络地址访问。

为了能够实时获取页面的宽度与高度，实现动态布局，需要将当前浏览器窗口的尺寸保存在一个全局变量中，并实时更新。在网页窗口中，页面的尺寸(宽度与高度)发生变化时，自动调用 onresize 函数，整个窗口的尺寸发生变化时调用 window 对象的 onresize 函数。在 Vue-CLI 3 工程创建时，安装依赖中选择了 Vuex，这是一个全局变量的仓库，该仓库的实例位于文件 src/store/index. js 中，在这里面存放的变量可以在 Vue 组件的 JavaScript 代码中通过 this. $ store. state.［变量名］进行访问，修改代码则通过 this. $ store. commit()触发 mutations 中的函数实现(Vuex 不允许应用程序直接修改变量值)。窗口尺寸变量 winsize 及更改其数值的函数 setWinsize 如下所示：

```
/**
 * src/store/index.js
 */
import Vue from 'vue'
import Vuex from 'vuex'

Vue.use(Vuex)

export default new Vuex.Store({
    state: {
        //窗口尺寸(可根据浏览器尺寸动态调整)
        winsize: {
            height: innerHeight,
            width: innerWidth
        },
    },
    mutations: {
        //设置窗口尺寸
        setWinsize(state,{ height,width }) {
            state.winsize.height = height;
            state.winsize.width = width;
        },
```

```
    },
    actions: {},
    modules: {}
})
```

在上述代码中，setWinsize 函数的第一个参数是 Vuex. Store 实例的 state，通过该参数可以直接操作 state 中的数据；第二个参数是一个 JavaScript 对象(ES6 标准的写法)，该对象包含两个属性 height 和 width，用来修改相应的全局变量。

在 src/main. js 中，设置窗口尺寸变化的响应事件，将当前窗口的宽高实时记录到全局变量存储库中，以便应用中的组件可以随时获取当前窗口的高度和宽度的具体数值。

```
window.onresize = evt => {
    store.commit('setWinsize',{
        height: evt.target.innerHeight,
        width: evt.target.innerWidth
    });
}
```

3. 系统登录设计与功能实现

系统登录的设计思路如下：用户输入账号和密码，然后通过单选按钮选择学生、教师、管理员身份，进行登录操作，如图 6-26 所示。点击登录按钮时，根据身份发送不同类型的登录请求。服务器收到请求后，向 MySQL 数据库查询用户，若用户存在且密码匹配，说明登录成功，返回 true；若密码错误或用户不存在，返回 false。网页端收到登录成功的提示后，保存用户信息在全局变量中，并设置登录状态为 true，跳转到不同身份对应的页面中；若登录失败，则提示错误信息，不予以跳转。整个系统的入口应该为登录界

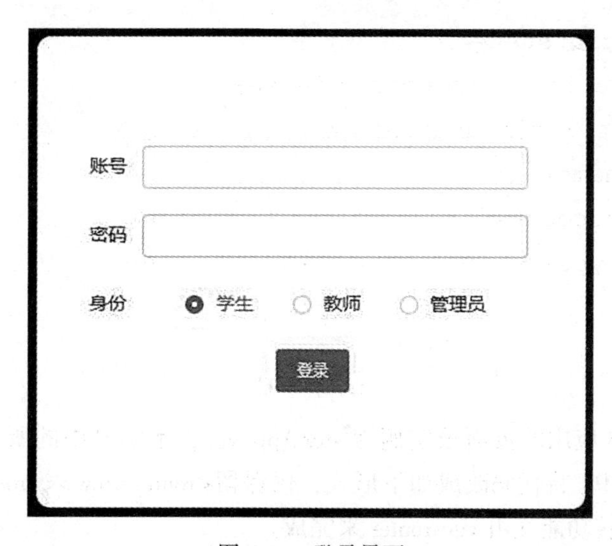

图 6-26　登录界面

面，需要通过路由控制以保证用户登录后才能访问系统。

添加全局变量需要用到 Vuex，在 src/store/index. js 文件 state：{}的花括号中，添加变量 login，用于记录登录状态以及登录信息；接着在 mutations：{}中添加函数 setLogin 和 clearLogin，用于更新登录信息与清空登录信息。

```
state:{
    // ...
    login:{
        isLogin:false,
        userInfo:{
            name:'',
            account:'',
            type:''
        },
    }
},
mutations:{
    // ...
    setLogin(state,{ isLogin,userName,userAccount,userType }) {
        state.login.isLogin = isLogin;
        state.login.userInfo.name = userName;
        state.login.userInfo.account = userAccount;
        state.login.userInfo.type = userType;
    },
    clearLogin(state) {
        state.login.isLogin = false;
        state.login.userInfo = {
            name:'',
            account:'',
            type:''
        };
    }
};
```

整个 Vue-CLI 3 应用的页面根实例为 src/App. vue，本实例中的所有页面都位于该文件中定义的代码块中。将代码改成如下形式，仅保留<router-view></router-view>处理页面跳转，将实际的跳转功能交由 vue-router 来完成。

```
<template>
    <div id="app">
        <router-view></router-view>
    </div>
</template>

<style>
html,
body {
    margin: 0;
    padding: 0;
}
#app {
    font-family: Avenir,Helvetica,Arial,sans-serif;
    -webkit-font-smoothing: antialiased;
    -moz-osx-font-smoothing: grayscale;
    text-align: center;
    color: #2c3e50;
}
</style>
```

vue-router 是 Vue 中处理页面路由导航的插件，插件的实例位于文件 src/router/index.js 中，该文件代码如下：

```
/**
 * src/router/index.js
 */
import Vue from 'vue';
import VueRouter from 'vue-router';
import store from '../store/index';

Vue.use(VueRouter);

const routes = [
    {
        path: '/',
        redirect: '/login'
    },
```

```
    {
        path: '/login',
        name: '登录界面',
        component: () => import('../views/Login')
    }
];

const router = new VueRouter({
    mode: 'history',
    base: process.env.BASE_URL,
    routes
});

//钩子函数,处理路由
router.beforeEach((to,from,next) => {
    //为页面添加标题
    if (to.name) {
        document.title = `${to.name} | Student Manager`;
    } else {
        document.title = 'Student Manager';
    }

    //未登录时要求登录
    if (!store.state.login.isLogin && to.path !== '/login') {
        next('/login');
    } else {
        next();
    }
});

export default router;
```

【说明】上述代码中，routes 数组存放了各种路由响应，如当前应用部署在本地 8080 端口下，当用户在浏览器地址栏输入 http://localhost:8080 访问时，自动跳转到 http://localhost:8080/login 下，而路由/login 的组件来自相对路径... /views/login. vue 文件中，显示在<router-view></router-view>中。钩子函数 beforeEach 可以控制每一次路由转发，to 和 from 分别为将要跳转和跳转前的路由实例，可以据此为网页设计动态标题，并且可以控制用户行为：若用户未登录且前往的页面并非登录页面，则强行跳转到登录页面，否则不予以控制。

登录页面的组件 Login. vue 位于 src/views 目录下，页面框架的代码如下：

```
<template>
    <div class="login" :style="{
        height: `${$store.state.winsize.height}px`
    }"></div>
</template>

<script>
export default {};
</script>

<style>
.login {
    position: absolute;
    width: 100%;
    background-color: #2c3e50;
}
</style>
```

【说明】上述代码中，<template></template>中为 HTML 代码，且只能有一个根元素，<script></script>中为 JavaScript 代码，<style></style>中为 CSS 代码。页面背景的样式为：宽高与窗口保持一致，以纯色填充背景，以绝对位置放置在页面上。

登录框位于 class 为 login 的块级元素 div 中，同为 div 元素，将其 class 设置为 login-dialog，其样式设计如下：

```
.login-dialog {
    height: 350px;
    width: 420px;
    background: white;
    left: 50%;
    position: absolute;
    top: 50%;
    transform: translate(-50%,-50%);
    border-radius: 10px;
}
```

【说明】在上述 CSS 代码中，登录框宽、高固定，位于整个浏览器窗口的居中位置，背景为白色，是一个圆角矩形，圆角半径为 10 像素。

在登录框中添加表单元素，包括账号密码输入框、身份选择按钮、登录按钮。使用 Element-UI 提供的组件来构件表单，代码如下：

```
<div class="login-dialog">
    <el-form :model="form" label-width="80px" style="margin:
80px 45px 0 0;">
        <el-form-item label="账号">
            <el-input v-model="form.account"></el-input>
        </el-form-item>
        <el-form-item label="密码">
            <el-input v-model="form.password"
type="password"></el-input>
        </el-form-item>
        <el-form-item label="身份">
            <el-radio-group v-model="form.auth">
                <el-radio label="stu">学生</el-radio>
                <el-radio label="tch">教师</el-radio>
                <el-radio label="adm">管理员</el-radio>
            </el-radio-group>
        </el-form-item>
    </el-form>
    <el-button type="primary" @click="login">登录</el-button>
</div>
```

存放表单数据的变量、登录按钮点击事件的响应函数，均在<script>标签中定义，相关代码如下：

```
<script>
export default {
    data() {
        return {
            form: { account: "",password: "",auth: "stu" },
        };
    },
    methods: {
        login() {},
    },
};
</script>
```

【说明】上述代码中，export default 导出了当前 vue 组件的实例化对象，data 是一个函数，函数的返回值是作用域为当前组件的变量，methods 中包含了可以在当前组件中调用的各种函数。

打开浏览器可以看到此时的页面已经包含了完整的登录界面及登录框，登录的逻辑控制由 login()函数实现。在该函数中，使用 axios 向服务器发送 POST 请求，请求的参数在 post()函数的第二个参数中引入。axios.post()函数导出一个对 Promise 象，在 then()和 catch()中处理函数执行结果，收到响应后，根据响应状态作出决策：若响应为登录成功，即账号存在且密码正确，跳转到不同身份对应的页面，并将用户信息记录到 Vuex 中；否则不跳转，且提示错误信息。

```
login() {
    const { account,password,auth } = this.form;
    if ((account,password)) {
        //发送 post 请求
        this.$axios
            .post('/${auth}/login',{
                account,
                password,
            })
            .then((res) => {
                const result = res.data;
                if (result.status === 200) {
                    this.$message.success(
                        登录成功,欢迎你, ${result.data.name}
                    );

                    //修改登录状态
                    this.$store.commit("setLogin",{
                        isLogin: true,
                        userName: name,
                        userAccount: account,
                        userType: auth,
                    });

                    //路由跳转
                    this.$router.push(auth); //跳转到不同身份对应的
                                               页面
```

```
                } else {
                    this.$message.error(
                        `[${result.status}] ${result.message}`
                    );
                }
            })
            .catch((err) => console.error(err));
    }
}
```

服务器端响应登录请求的代码如下所示，该段代码位于 router/stu.js 中，处理学生登录的请求，教师与管理员的登录请求响应与其类似，分别位于 router/tch.js 和 router/adm.js 中。

```
/**
 * 学生登录
 */
router.post('/login',(req,res) => {
    const { account,password } = req.body;
    if (account && password) {
        db.query('select * from t_student where stu_account =?
',[account],(err,results) => {
            if (err) {
                res.json({ status: 500,message: 'Internal Server
Error' });
                throw err;
            }

            if (! results[0]) {
                return res.json({ status: 403,message: 'Unknown
user! ' });
            }

            const { stu_account,stu_name,stu_gender } = results[0];
            if (results[0].stu_password === password) {
                res.json({
                    status: 200,message: 'Success',data: {
                        account: stu_account,name: stu_name,gender:
```

```
stu_gender
                                }
                            });
                        } else {
                            res.json({ status: 401,message: 'Password Error' });
                        }
                    })
                }
                else {
                        res.json ({  status: 403, message: 'Empty account or password' });
                }
            });
```

【说明】上述代码中，req. body 中存放 POST 请求的参数，从参数中提取账号与密码后，首先根据账号查询用户，若用户存在，对比账号密码，密码匹配则提示登录成功，否则提示密码错误；若用户不存在或查询语句出错，均返回错误及对应信息。

4. 管理员模块设计与实现

管理员模块相应的详细功能设计以及功能 IPO 图在 6.4 详细设计一节中已详细说明。管理员模块的功能包括学生信息管理和教师信息管理两个部分，两部分均包含了对相关表的增、删、改、查的操作。管理员界面如图 6-27 所示。

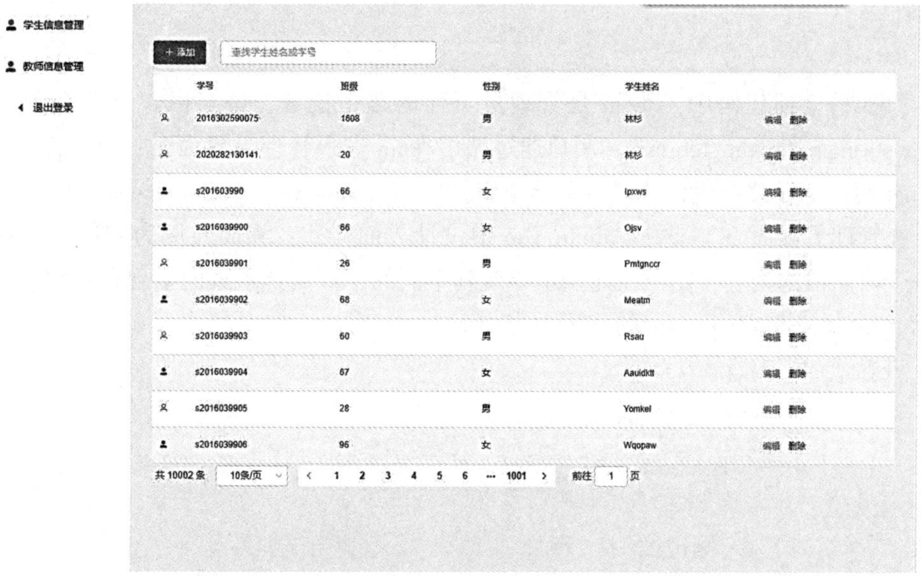

图 6-27 管理员界面

管理员页面 Admin. vue 位于文件夹 src/views 下，该界面是管理员界面的主页，在其中包含了两个子页面——学生信息管理、教师信息管理。子页面作为页面组件存放在 src/components/Admin 文件夹下，文件名分别为：StuMgr. vue，TchMgr. vue。管理员界面与两个子页面的组织关系通过 vue-router 来设定，在 vue-router 实例 src/router/index. js 中的 routes 数组中添加如下代码：

```
{
    path: '/adm',
    name: '管理员界面',
    component: () => import('../views/Admin'),
    redirect: '/adm/stu-mgr',
    children: [
        {
            path: '/adm/stu-mgr',
            name: '学生信息管理',
            component: () => import('../components/Admin/StuMgr')
        },
        {
            path: '/adm/tch-mgr',
            name: '教师信息管理',
            component: () => import('../components/Admin/TchMgr')
        }
    ]
}
```

【说明】上述代码中，/adm 是管理员页面的路由位置，该路由包含两个子路由——/adm/stu-mgr 和/adm/tch-mgr，用户通过路由/adm 进入管理员界面时，自动复位至/adm/stu-mgr 路由。子路由组件放置在父路由组件中的<router-view></router-view>内。

在管理员界面 src/views/Admin. vue 中设计界面样式：界面左侧为侧边栏，侧边栏包含一个可点击的列表，用户在此点击导航到不同的子页面；子页面呈现在右侧，如图 6-27 所示。src/views/Admin. vue 的代码内容如下：

```
<template>
    <div class="admin" :style="{
        height: `${$store.state.winsize.height}px`
    }">
        <!-- 侧边栏 -->
        <el-menu
            router
```

```
          :default-active="$route.path"
          class="admin-sidebar"
          background-color="#2c3e50"
          text-color="#fff"
          active-text-color="#ffd04b"
        >
          <el-menu-item index="/adm/stu-mgr">
            <i class="el-icon-user-solid"></i>
            <span slot="title">学生信息管理</span>
        </el-menu-item>
        <el-menu-item index="/adm/tch-mgr">
          <i class="el-icon-user-solid"></i>
          <span slot="title">教师信息管理</span>
        </el-menu-item>
        <el-menu-item @click="logout">
          <i class="el-icon-caret-left"></i>
          <span slot="title">退出登录</span>
        </el-menu-item>
      </el-menu>
      <!-- 功能页面 -->
      <div class="admin-container">
        <div class="admin-container-inner">
          <router-view></router-view>
         </div>
       </div>
      </div>
</template>

<script>
export default {
    methods: {
        logout() {
            this.$confirm("是否退出登录?","提示",{ type: "warning" })
                .then(() => {
                    this.$store.commit("clearLogin");
                    this.$router.push("/login");
```

```
                    })
                    .catch(() => {});
            },
        },
    };
    </script>

    <style>
    .admin {
        position: absolute;
        width: 100% ;
    }
    .admin-sidebar {
        position: absolute;
        left: 0;
        top: 0;
        bottom: 0;
        width: 250px;
    }
    .admin-container {
        position: absolute;
        background-color: #f7f7f7;
        left: 250px;
        top: 0;
        right: 0;
        bottom: 0;
        overflow-y: scroll;
    }
    .admin-container-inner {
        position: absolute;
        left: 30px;
        right: 30px;
        top: 50px;
        bottom: 50px;
        text-align: left;
    }
```

```
</style>
```

【说明】(1)HTML 代码中，整个管理员界面包含在一个 div 内，其中包含了一个侧边栏<el-menu></el-menu>，一个放置子页面的 div；在侧边栏中，包含了两个导航到子页面的路由按钮，还包含了一个注销按钮。

(2)JavaScript 代码中，logout( )函数响应用户点击注销按钮时的事件，触发点击事件时，弹出 Element-UI 的确认对话框，当用户点击"确认"按钮时，首先清空 Vuex 中的登录状态，接着通过 vue-router 切换到登录页面。

(3)CSS 代码中，从 Vuex 中获取窗口高度，作为包裹管理员界面的 div 的高度，宽度设置为 100%，与窗口同宽；侧边栏与子页面均采用绝对位置布局，高度与窗口高度一致；侧边栏宽度设置为 250 像素，距左侧距离为 0，子界面距窗口左侧为一个侧边栏的距离，距窗口右侧距离为 0；当内容高度大于窗口高度时，采用滚动策略。

1)学生信息管理

学生信息管理子界面位于 src/components/Admin/StuMgr. vue 文件中。界面的主体为一张展示所有学生信息的学生表，在表的上方包含"搜索"框和"添加"按钮，表格中每一数据项后方具有对应的"修改""删除"操作按钮。考虑到可能存在数据量极大的情况，导致表格渲染过慢，因此采用分页表格的显示逻辑。

(1)学生表格整体页面布局构造。

学生管理子页面的上方为操作区域，包含了一个"添加"按钮和一个"搜索"输入框。学生数据列表存放在变量 stuList 中，作为表格渲染的数据；searchStr 为搜索框的输入。

```
<template>
    <div class="student-manager">
        <div class="student-manager-controll">
            <el-button style="margin-right:20px;" type="primary"
icon="el-icon-plus">添加</el-button>
            <el-input style="width:300px;" v-model="searchStr"
placeholder="查找姓名或学号"></el-input>
        </div>
        <el-table :data="stuList"></el-table>
    </div>
</template>

<script>
export default {
    data() {
        return {
            searchStr: '',
```

```
            stuList: [],
        };
    },
    methods: {},
    created() {},
};
</script>

<style>
.student-manager {
    position: absolute;
    height: 100%;
    width: 100%;
}
.student-manager-controll {
    position: relative;
    width: 100%;
    margin-bottom: 10px;
}
</style>
```

学生表格(table)的数据列通过<el-table-column></el-table-column>设置，其中 prop 是列表 stuList 中的数据名称，label 是表中某一属性的名称。表格的最后一列使用 Vue 中的模板语法引入了“操作”按钮，将每一行数据作为参数传入响应函数中。响应函数 ediStu(stu)和 delStu(stu)定义在 methods 中，分别处理编辑学生信息与删除学生的操作。表格的 HTML 代码如下：

```
<el-table :data="stuList">
    <el-table-column prop="stu_account" label="学号"></el-table-column>
    <el-table-column prop="stu_class" label="班级"></el-table-column>
    <el-table-column prop="stu_gender" label="性别"></el-table-column>
    <el-table-column prop="stu_name" label="姓名"></el-table-column>
    <el-table-column>
        <template slot-scope="scope">
```

```
            <el-button type="text" @ click="ediStu(scope.row)">
编辑</el-button>
            <el-button type="text" style="color:red;" @ click="
delStu(scope.row)">删除</el-button>
          </template>
      </el-table-column>
   </el-table>
```

(2)查询学生数据。

学生数据的查询发生在组件初始化时，在生命周期函数 created()中，使用 axios 向服务器发送获取数据的请求，待取得数据后，将数据保存到变量 stuList 中，相关代码如下：

```
   created() {
       this.$axios
          .get("/adm/stu-list")
          .then((res) => {
              const result = res.data;
              if (result.status === 200) {
                 this.stuList = result.stuList;
              } else {
                       this.$message.error ('[${result.status}]
${result.message}');
              }
          })
          .catch((err) => console.error(err));
   }
```

相应地，在服务器端书写 GET 请求/adm/stu-list 的响应。在 student-manager/router/adm.js，添加如下代码：

```
   /**
     * 获取学生列表
     */
   router.get('/stu-list',(req,res) => {
       db.query('select stu_account,stu_class,stu_gender,stu_name
from t_student',(err,results) => {
          if (err) {
             return res.json({
                status: 500,
                message: 'Internal Server Error'
```

```
            });
        }
        res.json({
            status: 200,
            stuList: results
        });
    });
});
```

【说明】在上述代码中，通过执行 SQL 语句，向数据库查询学号、班级、性别、姓名的数据。切忌使用 select * from t_student 语句，否则会暴露学生密码，造成用户数据丢失的风险。

在学生信息的查询功能完成之后，可以在表格中看到所有学生的信息。下一步的工作是实现根据学号或姓名搜索学生的功能，Vue 提供了“计算属性”来帮助完成这一操作。在 script 标签的 export default {} 中添加 computed，写入如下代码：

```
export default {
// ...
computed: {
    searchList: function () {
        if (! this.searchStr) {
            return this.stuList;
        } else {
            //过滤掉不满足查询条件的数据项
            return this.stuList.filter(
                (stu) =>
                    stu.stu_name.indexOf(this.searchStr) ! == -1 ||
                    stu.stu_account.indexOf(this.searchStr) ! == -1
            );
        }
    }
}
  // ...
};
```

【说明】上述代码中，searchList 是计算属性，可以在其中写入复杂的计算过程，将计算的结果作为其返回值导出，在组件中可以直接通过 this. searchList 使用它。在计算属性中涉及的变量值若发生更改，计算属性的返回值会自动更新，因此其自身带有监听变量变化的功能。在这一实例中，计算属性 searchList 中根据用户输入 searchStr 对学生列表

stuList 进行了筛选，匹配名字或学号，将筛选结果作为返回值输出，这一过程与变量 searchStr 密切关联，因此当用户在搜索框中输入时，改变了 searchStr 的变量值，相应地，searchList 也会发生变化，可以利用 Vue 的这一特性完成列表搜索功能。

定义完成计算属性 searchList 之后，将<el-table></el-table>的：data = " stuList" 改成 ：data = " searchList"，这样，当用户在搜索框中输入时，表格展示的数据将是搜索后的结果。但此时的表格仍存在一个巨大的隐患：面对大量学生数据时，页面的渲染将会变得十分缓慢，无论是搜索还是表格初始化，会极大影响页面的性能。此时需要用到 Element-UI 的组件 pagination 来帮助实现分页功能。在<el-table></el-table>之后添加如下所示的页面组件。

```
<el-pagination
    @ size-change="handleSizeChange"
    @ current-change="handleCurrentChange"
    @ prev-click="handlePrev"
    @ next-click="handleNext"
    :current-page="currentPage"
    :page-size="currentPageSize"
    :page-sizes="[10,50,100,200,300,400]"
    layout="total,sizes,prev,pager,next,jumper"
    :total="searchList.length"
></el-pagination>
```

其中，在 layout 属性指明了当前的分页控件中，显示的内容为："总数据量""每页数据量""上一页按钮""页码""下一页按钮""页面跳转输入框"；四个函数 handleSizeChange，handleCurrentChange，handlePrev，handleNext 分别响应了页面尺寸变化、当前页面变化、用户点击上一页、用户点击下一页的事件。属性 page-sizes 为可选的当前页面尺寸提供了选项，page-size 和 current-page 分别绑定了对应的变量。

在 data 中为默认的页面尺寸与默认显示页面设置初始值：currentPage，值为 1；currentPageSize，值为 10；在 methods 中的四个响应函数仅用于更改变量 currentPage 和 currentPageSize 的值。

```
methods: {
    // ...
    handleSizeChange(val) {
        this.currentPageSize = val;
    },
    handleCurrentChange(val) {
        this.currentPage = val;
    },
```

```
    handlePrev(val) {
        this.currentPage = val;
    },
    handleNext(val) {
        this.currentPage = val;
    },
    // ...
},
```

当前页与页面尺寸的属性设置完成之后，通过计算属性对学生列表进行分割，实现分页的功能。添加名为 pageList 的计算属性，写入如下代码：

```
computed: {
    // ...
    pageList: function () {
        return this.searchList.slice(
            (this.currentPage - 1) * this.currentPageSize,
            this.currentPage * this.currentPageSize
        );
    },
}
```

【说明】上述代码中，slice 函数是数组对象 Array 的自带方法，用于分割数组，第一个参数为分割的起始位置，第二个参数为终止位置，在计算属性 pageList 中，根据变量 currentPage 与 currentPageSize 的值，计算出当前分页的所有数据项在 searchList 中的位置，接着将其分割出来，作为返回值输出。

将<el-table></el-table>的：data 改为：data="pageList"，即可实现分页功能。此外，当用户进行搜索时，若之前的分页不在第一页，当 searchList 发生改变时，可能导致 slice 切割到数组之外的内容，因此需要进行适当的控制：当用户进行搜索时，将当前页面跳转到第一页，保证搜索结果的可见性，完成这一控制只需要在 searchList 的 return this.stuList.filter(...)函数之前加上：this.currentPage = 1，表明当搜索字符串改变时，返回到页面首页。此时的 searchList 代码如下：

```
computed: {
    searchList: function () {
        if (! this.searchStr) {
            return this.stuList;
        } else {
            this.currentPage = 1;
            return this.stuList.filter(
```

```
                (stu) = >
                    stu.name.indexOf(this.searchStr) ! == -1 ||
                    stu.stu_id.indexOf(this.searchStr) ! == -1
            );
        }
    }
    // ...
}
```

(3)添加学生。

添加学生功能通过弹出对话框来实现，如图 6-28 所示。在<el-pagination></el-pagination>之后添加如下代码：

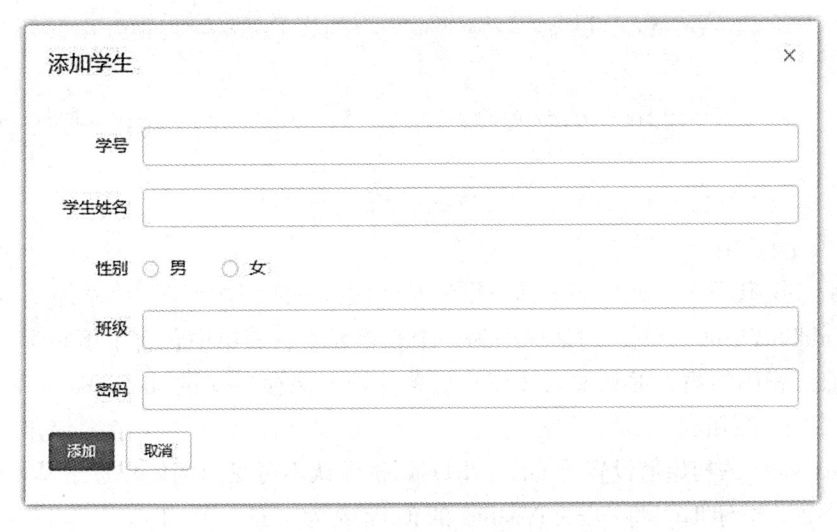

图 6-28　添加学生对话框

```
<! --添加学生对话框 -->
<el-dialog title="添加学生" :visible.sync="addStuVisible">
    <el-form :model="addStuForm" label-width="80px">
        <el-form-item label="学号">
            <el-input v-model="addStuForm.account"></el-input>
        </el-form-item>
        <el-form-item label="姓名">
            <el-input v-model="addStuForm.name"></el-input>
        </el-form-item>
        <el-form-item label="性别">
```

```
                <el-radio label="男" v-model="addStuForm.gender">男</el-radio>
                <el-radio label="女" v-model="addStuForm.gender">女</el-radio>
            </el-form-item>
            <el-form-item label="班级">
                <el-input v-model="addStuForm._class"></el-input>
            </el-form-item>
            <el-form-item label="密码">
                <el-input type="password" v-model="addStuForm.password"></el-input>
            </el-form-item>
            <el-button type="primary" @click="addStu">添加</el-button>
            <el-button @click="addStuVisible = false;">取消</el-button>
        </el-form>
    </el-dialog>
```

【说明】上述代码中，使用 el-dialog 作为对话框，对话框的标题为“添加学生”，可见性由变量 addStuVisible 控制，对话框中为一个表单元素，表单中包含了填写学号、姓名、性别、班级、密码的输入框和输入按钮，表单的输入保存在变量 addStuForm 中，对话框的下方是“添加”按钮和“取消”按钮。

addStuVisible 的初始值设置为 false，即对话框默认不可见。当用户点击学生管理页面上方的“添加”按钮时，将 addStuVisible 的值设置为 true，为 class="student-manager-controll" 的 div 中的 el-button 添加点击响应事件：@click="addStuVisible = true;"。打开对话框后，当用户点击“确认添加”按钮时，执行 addStu() 函数，对应的处理代码如下所示：

```
    addStu() {
        const { account,name,gender,_class,password } = this.addStuForm;
        if (account && name && gender && _class && password) {
            this.$axios
                .post("/adm/add-stu",{
                    account,
                    name,
                    _class,
                    password,
```

```
        })
        .then((res) => {
            const result = res.data;
            if (result.status === 200) {
                this.$message.success("添加成功");

                //加入到学生数组中
                this.stuList.push({
                    stu_account: account,
                    stu_name: name,
                    stu_gender: gender,
                    stu_class: _class,
                    stu_password: password,
                });

                //关闭对话框
                this.addStuVisible = false;

                //清空输入
                this.addStuForm = {
                    account: "",
                    name: "",
                    gender: "",
                    _class: "",
                    password: "",
                };
            } else {
                this.$message.error(
                    `[${result.status}] ${result.message}`
                );
            }
        })
        .catch((err) => console.error(err));
    }
}
```

【说明】在上述代码中，调用 addStu()时，在表单元素均不为空的情况下，向服务器发送 POST 请求，添加学生，请求参数为输入的表单内容。添加成功后，关闭对话框，并清空输入；否则，提示错误。

服务端处理添加学生请求的代码位于文件 student-manager/router/adm. js 中，在收到表单数据后，向 MySQL 数据库执行 INSERT 语句，插入学生数据。

```
/* *
  * 添加学生
  * /
router.post('/add-stu',(req,res) = > {
    const { account,name,gender,_class,password } = req.body;
    db.query('insert into t_student(stu_account,stu_name,stu_gen-
der,stu_class,stu_password) values (?,?,?,?,?)',
    [account,name,gender,_class,password],(err,result) = > {
        if (err) {
            return res.json({
                status: 500,
                message: 'Internal Server Error'
            });
        }
        res.json({
            status: 200
        });
    }
  )
});
```

(4)编辑学生信息。

编辑学生信息与添加学生信息类似，均采用对话框的处理策略，通过变量 ediStuVisible 控制对话框可见性，ediStuForm 填充学生信息，相关代码与添加学生类似。

```
<! --编辑学生信息对话框 -->
<el-dialog title="编辑学生信息" :visible.sync="ediStuVisible">
    <el-form :model="ediStuForm" label-width="80px">
        <el-form-item label="学号">
            <el-input disabled v-model="ediStuForm.stu_account">
</el-input>
        </el-form-item>
        <el-form-item label="姓名">
            <el-input v-model="ediStuForm.stu_name"></el-input>
```

```
            </el-form-item>
            <el-form-item label="性别">
                <el-radio label="男" v-model="ediStuForm.stu_gender"
>男</el-radio>
                <el-radio label="女" v-model="ediStuForm.stu_gender"
>女</el-radio>
            </el-form-item>
            <el-form-item label="班级">
                <el-input v-model="ediStuForm.stu_class"></el-input>
            </el-form-item>
            <el-form-item label="密码">
                <el-input type="password" v-model="ediStuForm.stu_
password"></el-input>
            </el-form-item>
            <el-button type="primary" @ click="confirmEdiStu">更新</
el-button>
            <el-button @ click="ediStuVisible = false;">取消</el-but-
ton>
        </el-form>
    </el-dialog>
```

点击每一个数据项之后的"编辑"按钮后调用函数 ediStu( )，该函数将学生数据填充到 ediStuForm 中，并打开对话框；函数 confirmEdiStu( )则用于向服务器发送修改信息的请求，处理的逻辑与添加学生类似。两个函数的代码如下：

```
    ediStu(stu) {
        //填充表单
        this.ediStuForm = stu;
        //显示对话框
        this.ediStuVisible = true;
    },
    confirmEdiStu() {
        const { stu_account, stu_name, stu_gender, stu_class, stu_
password } = this.ediStuForm;
        if ( stu_account && stu_name && stu_gender && stu_class && stu_
password ) {
            this.$axios
                .post("/adm/update-stu",{
```

```
                account: stu_account,
                name: stu_name,
                gender: stu_gender,
                _class: stu_class,
                password: stu_password,
            })
            .then((res) => {
                const result = res.data;
                if (result.status === 200) {
                this.$message.success("更新成功");

                //关闭对话框
                this.ediStuVisible = false;

                //清空输入
                this.ediStuForm = {};
            } else {
                this.$message.error(
                    `[${result.status}] ${result.message}`
                );
            }
        })
        .catch((err) => console.error(err));
    }
}
```

处理请求/adm/update-stu 的代码位于文件 student-manager/router/adm. js 中，处理函数通过执行 SQL 语句完成 UPDATE 功能，返回更新结果，相关代码如下：

```
/**
 * 更新学生信息
 */
router.post('/update-stu',(req,res) => {
    const { account,name,gender,_class,password } = req.body;
    db.query('update t_student set stu_name=?,stu_gender=?,stu_
class=?,stu_password=? where stu_account=? ',
        [name,gender,_class,password,account],(err,result) => {
            if (err) {
```

```
                return res.json({
                    status: 500,
                    message: 'Internal Server Error'
                });
            }
            res.json({
                status: 200
            });
        }
    );
});
```

(5)删除学生。

删除学生通过调用 delStu(stu)函数实现。当用户点击每个数据项最后一列的“删除”按钮时，调用 delStu，该函数首先弹出一个确认框，用户确认删除后才继续执行删除操作：由 axios 向服务器发送请求 /del-stu，得到成功响应后，通过学号找到该学生在列表中的索引，将其删除，相关代码如下：

```
delStu(stu) {
    this.$confirm(
        '确定删除 [ ${stu.stu_name}] ( ${stu.stu_account}) ? ',
        "提示",
        {
            type: "warning",
        }
    )
        .then(() => {
            this.$axios
                .post("/adm/del-stu",{
                    account: stu.stu_account,
            })
            .then((res) => {
                const result = res.data;
                if (result.status === 200) {
                    this.$message.success("删除成功");
              //通过学号找到待删除的项的序号
              let delldx=this.stuList.findlndes((s)=>{
                  ruturn(
```

```
                    s.stu_account===stu.stu_account
                );
            });
            //删除列表项(此处 1 表示从 delIdx 位置开始向后删除 1 位)
            this.stuList.splice(delIdx,1);
        }else{
            this.$message.error(
                `[${result.status}] ${result.message}`
            );
        }
    })
    .catch((err)=>this.$message.error(err.message));
})
.catch(()=>{});
}
```

响应请求/adm/del-stu 的函数位于文件 student-manager/router/adm. js 中，通过执行 SQL 语句，找到对应学号的学生，进行 DELETE 操作。

```
/**
 * 删除学生
 */
router.post('/del-stu', (req, res) => {
    const { account } = req.body;
    db.query('delete from t_student where stu_account =? ', [account], (err, result) => {
        if (err) {
            return res.json({
                status: 500,
                message: 'Internal Server Error'
            });
        }
        res.json({
            status: 200
        });
    });
});
```

2)教师信息管理

教师信息管理的功能与学生信息管理功能基本类似，不同之处仅在于查询的数据表不同而导致字段名称有所差异。因此可以在学生信息管理功能实现的基础上，进行修改，使系统能够完成教师信息管理的功能，在此不再赘述。

5. 教师模块设计与实现

教师模块相应的详细功能设计以及功能 IPO 图可以参见 6.4 详细设计一节。教师模块的功能包括：课程成绩录入、教师授课信息管理。与管理员界面的设计思路类似，在 src/views 文件夹下创建文件 Teacher. vue 作为界面主体，在 src/components/Teacher 文件夹下创建两个文件——Score. vue 和 Course. vue 作为子页面。在 vue-router 实例 src/router/index. js 中的 routes 中添加路由对象，如下所示：

```
{
    path: '/tch',
    name: '教师界面',
    component: () => import('../views/Teacher'),
    redirect: '/tch/course',
    children: [
        {
            path: '/tch/score',
            name: '课程成绩录入',
            component: () => import('../components/Teacher/Score')
        },
        {
            path: '/tch/course',
            name: '授课信息管理',
            component: () => import('../components/Teacher/Course')
        },
    ]
}
```

教师界面 src/views/Teacher. vue 与 4. 管理员模块设计与实现中管理员界面 src/views/Admin. vue 的布局方案类似，设计与实现可参照完成，只需对类名和变量稍作修改，即可实现功能。

1)授课信息管理

授课信息管理页面位于 src/components/Teacher/Course. vue，基础功能包括查询课程、添加课程、编辑课程以及删除课程。网页逻辑设计与服务器响应围绕数据表的“增、删、改、查”操作进行，可参照“4. 管理员模块设计与实现”中学生信息管理的功能进行实现，此处不再赘述。

2) 课程成绩录入

课程成绩录入页面位于 src/components/Teacher/Score. vue，在此界面中，教师可以查看自己所授课程的所有学生，并且为某门课程中的某位学生打分，记录到数据库中，如图 6-29 所示。

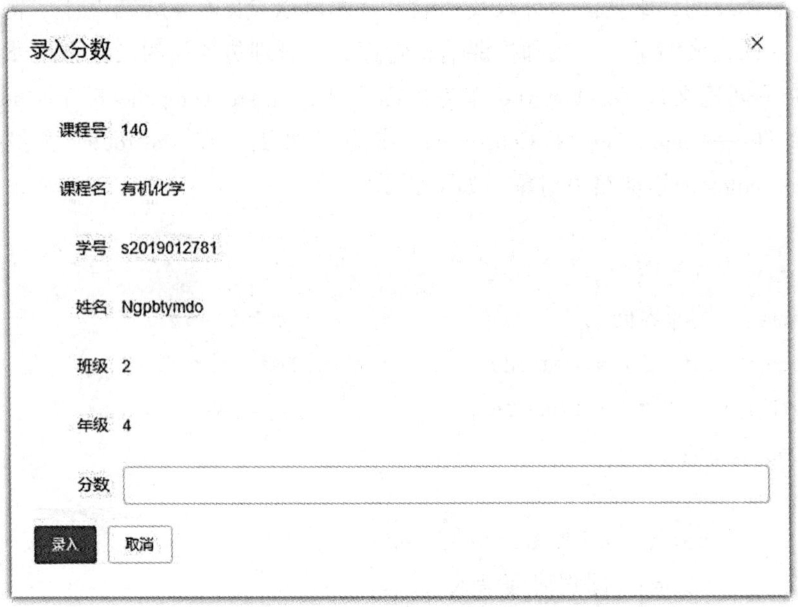

录入分数 ×

课程号 140

课程名 有机化学

学号 s2019012781

姓名 Ngpbtymdo

班级 2

年级 4

分数

录入 取消

图 6-29　录入成绩对话框

网页设计样式和布局与前文所述相差无几，区别较大的代码位于服务端查询数据库的语句中。查询某位教师所教授的所有课程及所有分数的语句如下：

```
/* *
  * 查询所授课程及分数
  * /
router.post('/score-list',(req,res) = > {
    const { tch_account } = req.body;
    const sql = 'SELECT t_student.stu_account,t_student.stu_name,
t_class._class,t_class._grade,score_id,t_course.course_id,_score,
course_name
FROM t_score
        INNER JOIN t_student
        INNER JOIN t_course
        INNER JOIN t_class
```

```
        WHERE t_course.tch_account =?
        AND t_student.stu_account =t_score.stu_account
        AND t_score.course_id = t_course.course_id
        AND t_class.class_id = t_student.stu_class
        ORDER BY t_course.course_id';

    db.query(sql,tch_account,(err,results) = > {
    if (err) {
        return res.json({
            status: 500,
            message: 'Internal Server Error'
        });
    }

    res.json({
        status: 200,
        scoreList: results
    });
  });
});
```

【说明】上述代码中，该函数通过执行 SQL 语句向 MySQL 数据库查询了某位教师所授课程及所有分数，将结果作为响应返回。其中，其 SQL 语句包含了多表连接，说明如下：在 t_score 表中，仅存放了“课程号”“学号”以及“课程成绩”，因此需要通过 INNER JOIN 连接的方法，连接 t_student、t_course 和 t_class 表来获取“学生姓名”“年级”“班级”“课程名”等信息。

成绩的录入采用“改”的策略，当学生选课时，插入了一条包含课程号和学号的记录到 t_score 表中，_score 字段默认为空。教师录入成绩时，使用 UPDATE 语句更新 t_score 表中的成绩。

6. 学生模块设计与实现

学生模块的详细功能设计以及功能 IPO 图在 6.4 详细设计一节中已作详细说明。学生模块为学生登录后显示的界面，主要功能包括：选课、查询成绩。在选课功能中，学生查询到所有的课程信息后，选择课程添加到数据库记录中；查询成绩页面仅提供简单的展示功能。首先在 src/views 文件夹下创建文件 Student. vue 作为界面主体，在 src/components/Student 文件夹下创建两个文件：SltCourse. vue 和 ViewScore. vue，作为子页面。在 src/router/index. js 内的 routes 中为 vue-router 添加路由对象。

```
{
    path: '/stu',
    name: '学生界面',
    component: () => import('../views/Student'),
    redirect: '/stu/view-score',
    children: [
        {
            path: '/stu/select-course',
            name: '学生选课',
                component: ( ) => import ('../components/Student/
SltCourse')
        },
        {
            path: '/stu/view-score',
            name: '查询成绩',
                component: ( ) => import ('../components/Student/
ViewScore')
        }
    ]
}
```

学生界面 src/views/Student. vue 与 6. 5. 2 小节中管理员界面 src/views/Admin. vue 的布局方案类似，设计与实现可参照完成，只需对类名和变量稍作修改，即可实现功能。

1)学生选课

选课界面位于 src/components/Student/SletCourse. vue 中，用户以学生的身份登录后进入该页面后，系统自动查询所有课程的课程名与授课老师姓名，作为结果返回到客户端，呈现在界面主体表格中，如图 6-30 所示，表格的右侧为“选课”按钮，学生点击并确认后，向 t_score 添加记录，表示选课成功。查询课程与选课的服务端代码如下：

```
/**
  * 获取课程列表(所有课程)
  */
router.get('/course-list',(req,res) => {
    const sql = 'SELECT t_course.*,t_teacher.tch_name
        FROM t_course
        INNER JOIN t_teacher
        WHERE t_course.tch_account = t_teacher.tch_account';
    db.query(sql,(err,results) => {
```

输入课程名或教师名查找课程

课程号	课程名	教师名	
1	哲学	Gqiaaualv	选课
2	科学技术哲学	Lbyfdo	选课
3	宗教学	Oywawkv	选课
4	美学	Wdlmgpvfu	选课
5	伦理学	Briljw	选课
6	逻辑学	Gwakwqk	选课
7	外国哲学	Oywawkv	选课
8	中国哲学	Wjc fykx	选课
9	马克思主义哲学	Mn bayn	选课
10	应用经济学	Hrnvoc	选课

共 323 条 10条/页 < 1 2 3 4 5 6 ··· 33 > 前往 1 页

图 6-30 学生选课列表

```
            if (err) {
                res.json({ status: 500,message: 'Internal Server Error' });
                throw err;
            }
            res.json({
                status: 200,
                courseList: results
            });
        });
    });
    /* *
      * 选课
      * /
    router.post('/select-course',(req,res) => {
        const { course_id,stu_account } = req.body;
        const sql = 'insert into t_score(course_id,stu_account) values
(?,?)';
```

```
    db.query(sql,[course_id,stu_account],(err,result) => {
        if (err) {
            return res.json({
                status: 500,
                message: 'Internal Server Error'
            });
        }

        res.json({
            status: 200
        });
    });
});
```

【说明】上述代码中，查询课程列表的响应函数中，其SQL语句涉及多表连接，说明如下：

(1)查询课程时，由于t_course中仅存放了教师工号，因此需要通过与t_teacher的内连接来获取教师姓名。

(2)选课的过程为向成绩表(t_score)中添加包含“课程号”和“学号”的记录。

2)查询成绩

查询成绩页面位于src/components/Student/ViewScore.vue中，系统根据保存在登录信息中的用户账号(学生登录时为学号)向数据库查询与该学生相关的成绩信息，作为结果返回到客户端，服务端代码如下：

```
/**
 * 查询成绩
 */
router.post('/score-list',(req,res) => {
    const { stu_account } = req.body;
    const sql = 'SELECT t_score.score_id,t_score._score,t_course.course_id,t_course.course_name,t_teacher.tch_name
        FROM t_score
        INNER JOIN t_course
        INNER JOIN t_teacher
        WHERE stu_account = ?
        AND t_course.course_id = t_score.course_id
        AND t_course.tch_account = t_teacher.tch_account';
```

```
    db.query(sql,[stu_account],(err,results) => {
        if (err) {
        return res.json({
            status: 500,
            message: 'Internal Server Error'
        });
    }

    res.json({
        status: 200,
        scoreList: results
    });
  });
});
```

上述代码中，查询成绩列表的SQL语句涉及多表连接，说明如下：

(1)成绩表(t_score)包含字段“课程号”，与课程表(t_course)连接后获取课程名。

(2)课程表与教师表(t_teacher)连接后获取教师姓名。

6.6 本章小结

本章以学生成绩管理信息系统为例，介绍了数据库应用系统的开发过程。

第一节中，介绍本章采用的案例——“学生成绩管理系统”的相关情况。

第二节到第四节中，从需求分析、总体设计、详细设计三个步骤分别详细介绍数据库应用系统设计的理论知识和具体操作方式。

第五节中，分别采用C/S模式和B/S模式实现数据库应用的设计，C/S使用Visual Studio 2019(C#)在Windows平台下进行开发，B/S使用Node.js搭建网络服务器，采用Vue开发Web应用程序。使用模块化程序设计方法、面向对象的分析方法、面向对象的编程技术、数据库技术和Web技术等，实现了一个完整的数据库应用案例系统，并详细介绍了系统功能的实现。

本章内容从用户需求、软件UI交互、系统功能设计与实现、数据库设计与建库到计算机系统实现全流程覆盖，以“关键代码+用户界面”的形式，展示了一个相对完整的数据库应用系统开发案例，使读者可以对数据库应用系统的开发和设计有更深入的理解。

参考文献

[1]王珊，萨师煊．数据库系统概论(第5版)[M]．北京：高等教育出版社，2014.
[2]Date C J. 数据库系统导论(原书第8版)[M]．孟小峰，译．北京：机械工业出版社，2007.
[3]O'Neil P，O'Neil E. 数据库原理、编程与性能[M]．周傲英，俞荣华，季文赟，等，译．北京：机械工业出版社，2002.
[4]Ullman J D，Widom J. 数据库系统基础教程(原书第3版)[M]．岳丽华，金培权，万寿红，译．北京：机械工业出版社，2014.
[5]许婕．对象-关系数据库继承理论及复杂对象实现的研究[D]．南昌：江西师范大学，2003.
[6]Silberschatz A，Korth H F，Sudarshan S. 数据库系统概念[M]．杨冬青，李红燕，唐世渭，译．北京：机械工业出版社，2012.
[7]胡俊飞．基于列存储的数据库物理层优化研究[D]．武汉：华中科技大学，2013：11-19.
[8]张俊，吴绍辉．数据库技术的研究现状及发展趋势[J]．工矿自动化，2011，7(7)：34-36.
[9]陈京民．数据仓库与数据挖掘技术(第2版)[M]．北京：电子工业出社，2007.
[10]胡天平．新一代数据库技术面向对象数据库系统[J]．中国计算机报，2003(1)：68.
[11]黄泽栋．数据库技术发展综述[J]．黑龙江科学，2014，5(6)：240.
[12]张锡英，李林辉，边继龙．数据库系统原理[M]．哈尔滨：哈尔滨工业大学出版社，2016.
[13]周志逵，郭贵锁，陆耀，等．数据库系统原理[M]．北京：清华大学出版社，2008.
[14]尹为民，金银秋．数据库原理与技术[M]．武汉：武汉大学出版社，2007.
[15]Forta B. MySQL必知必会[M]．刘晓霞，钟鸣，译．北京：人民邮电出版社，2009.
[16]周屹，李艳娟，崔琨，等．数据库原理及开发应用[M]．北京：清华大学出版社，2013.
[17]GartnerInc订阅号．数据管理的未来发展趋势[EB/OL]．[2019-05-20]．[2020-08-10]．http：//bigdata. idcquan. com/dsjjs/162987. shtml.
[18]WINGZING. 有关SQL语句分类[EB/OL]．[2018-07-26]．[2020-07-30]．https：//blog. csdn. net/weixin_42802285/article/details/81220181？ utm_medium = distribute. pc_

relevant. none-task-blog-BlogCommendFromMachineLearnPai2-3. channel_param&depth_1-utm_source = distribute. pc_relevant. none-task-blog-BlogCommendFromMachineLearnPai2-3. channel_param.

[19] 码农-Python 小高 . SQL 语言组成部分(DDL, DML, DQL, DCL, TPL, CCL)[EB/OL]. [2019-01-22]. [2020-07-29]. https://blog. csdn. net/weixin_44541001/article/details/86569255.

[20] Duke_Cui. SQL 语言分类 DDL、DML、DQL、TCL、DCL[EB/OL].[2017-12-10].[2020-08-02]. https://blog. csdn. net/pengpengpeng85/article/details/78764787? utm_medium = distribute. pc_relevant. none-task-blog-BlogCommendFromMachineLearnPai2-2. channel_param&depth_1-utm_source = distribute. pc_relevant. none-task-blog-BlogCommendFromMachineLearnPai2-2. channel_param.

[21] diyu2722, c#winform 简单实现 MySQL 数据库的增删改查的语句[EB/OL].[2019-08-26]. [2020-08-10]. https://blog. csdn. net/diyu2722/article/details/102274509? utm_source=app.

[22] i_CodeBoy. C# 实现 MySQL 数据库连接 登录并跳转界面[EB/OL].[2018-02-06]. [2020-08-15]. https://blog. csdn. net/i_CodeBoy/article/details/79274498? utm_source =app.